虫塚紀行

柏田雄三
Kashiwada Yuzo

創森社

はじめに

路傍や公園、神社、寺などでたくさんの石碑を目にする。道祖神、庚申塚、青面《しょうめん》金剛、馬頭観音、百度石、月待塔、忠魂碑、戦没者慰霊碑やいろいろな記念碑、「万葉集」の歌碑や句碑など実に多くの種類がある。経年の摩耗によって何であるかがわからない石碑も少なくない。

そのような中に家畜・動物慰霊碑、魚霊碑、鯨塚、鳥塚、花塚、草木塔などさまざまな生き物を供養するものがある。そればかりか、あらゆるものに命が宿ると考えたためにつくられたと思われる針塚、包丁塚、筆塚、人形塚など生き物でないものを供養する塚もたくさんあることに気づく。橋、道、敷石、迷子郵便供養塔まであることを知ると驚くだろう。

「虫塚」もそのような供養碑の一つである。駆除された農作物の害虫を供養し、これから発生しないように祈るためのものが典型的だが、それにとどまらない。

虫塚研究の先駆者の一人で昆虫学者の長谷川仁《ひとし》氏は「虫塚・虫供養塔」を次の五つに分類した。

①害虫多発時の供養に関するもの
②虫送り・虫祭りの祈禱場を示すもの
③趣味や職業上・研究上の殺虫供養に関するもの
④特殊な昆虫やその発生地などを記念するもの
⑤昆虫に関する歌碑や句碑

この「虫塚紀行」は全国にあるこれらの虫塚を広く紹介するガイドブックである。

①〜④を第1部、⑤を第2部とした。

供養と言えば宗教観とも切り離せないだろうが、本書はそこには深く触れず、虫塚がどのようないきさつでつくられ、どのような姿をしているのかに主眼を置いた。

また、農業害虫と関連が深い「虫送り」や「虫追い」などの行事、「虫封じ」

などの祈りやお札、害虫の大発生によって亡くなった人を弔う「飢人地蔵」も対象外としている。

人間はある意味で現在最も栄えている生物だろう。一方で昆虫は名前がついているだけでも100万種を超えていて、全生物の種類の約3分の2を占めるとされる。未発見の種類も多く、実際にはもう一ケタ多い種類がいるかもしれない。

生物的多様性などで注目を集めるようになったが、昆虫と人間はもともと益虫、有用昆虫、害虫、趣味の昆虫などの観点での結びつきが強い。「虫塚」もまさにそのような関係の深い虫を対象につくられている。

江戸時代から、あるいは室町時代から現在に至るまでつくられたとはいえ、これまで広く注目されることが少なかった「虫塚」。建立の由来や意味合いはもとより、所在地やアクセスも記したので、本書を片手にあちこち訪ねて虫と人間と自然の関係についての思いをめぐらせてくれると嬉しい。

2016年 木の葉が色づくころに

柏田 雄三

虫塚紀行——もくじ

はじめに　1

◆MUSHIZUKA GRAFFITI（口絵）
農業害虫の虫塚　9　有用・食用昆虫の碑など　10　蜜蜂の供養碑・感謝碑　11
蚕の供養碑　11　「赤とんぼ」の歌碑・記念碑　12

第1部●各地にみる虫の慰霊碑・供養碑・感謝碑・記念碑　13

◆虫塚収録にあたって　14
バッタ塚（北海道札幌市）16
虫塚（北海道函館市）18
バッタ塚（北海道新得町）20
バッタ塚（北海道鹿追町）22
バッタ塚跡（北海道音更町）24
マメコバチマンション（青森県板柳町）25
蚕供養塔（岩手県平泉町）27
孫太郎虫供養碑（宮城県白石市）29
虫塚（宮城県丸森町）32
蚕慰霊碑と猫神さま（宮城県丸森町）33
せみ塚（山形市）35
みつばちの碑（福島県会津若松市）37
虫塚（茨城県つくば市）39
生物供養碑（茨城県かすみがうら市）41

もくじ

鎮魂碑（茨城県牛久市）43
ヒメハルゼミの碑（茨城県笠間市）45
虫魂碑（栃木県宇都宮市）47
蚕霊供養塔（群馬県前橋市）49
蚕霊供養塔（群馬県高崎市）50
蚕神塔（群馬県沼田市）51
蚕霊塔（埼玉県熊谷市）53
秋蚕の碑（埼玉県深谷市）56
蜜蜂感謝碑（埼玉県深谷市）58
虫慰霊之碑（埼玉県長瀞町）60
蚕霊塔（千葉県我孫子市）62
虫供養碑（千葉県長生村）64
虫塚碑（東京都台東区）66
虫塚（東京都文京区）68
蟬塚（東京都練馬区）71
虫塚（東京都八王子市）73
蟻塚（東京都八王子市）75
虫塚（東京都小笠原村）76
虫塚（神奈川県横浜市）78
蚕霊供養塔（神奈川県横浜市）80
蚕霊供養塔（神奈川県横浜市）82
蜜蜂供養塔（神奈川県厚木市）84
虫塚（神奈川県鎌倉市）86
蚕霊塔（神奈川県相模原市）88
無志塚（新潟県胎内市）89
虫塚（石川県金沢市）91
虫塚（石川県小松市）93
虫塚（石川県小松市）95
むしづか（福井市）97
虫供養塔（福井県敦賀市）100
善徳塚（福井県小浜市）102
虫塚（山梨県北杜市）103
蚕霊供養塔（長野県岡谷市）106
蚕影大神（長野県安曇野市）108
蚕影山大神（長野県安曇野市）110
蚕太郎大神（長野県安曇野市）112
経王塔（長野県木曽町）114
昆虫碑（岐阜市）116
駆虫之碑（岐阜市）119
蜜蜂之碑（岐阜市）121

地蜂友好の碑（岐阜県恵那市）123
ヒメハルゼミの碑（岐阜県揖斐川町）125
蟻塚（愛知県新城市）127
鈴虫万蟲塔（京都市西京区）129
虫塚（京都市右京区）131
松虫塚（大阪市阿倍野区）133
虫塚（大阪府茨木市）136
虫塚（大阪府箕面市）138
虫塚（大阪府箕面市）140
とんぼ塚（兵庫県赤穂市）142
蟻無山古墳（兵庫県赤穂市）144
蟻の宮・蚕の宮（兵庫県丹波市）146
虫塚（奈良県橿原市）149
蜜蜂群供養之碑（和歌山県海南市）151
しろあり供養塔（和歌山県高野町）152
虫塚（岡山県倉敷市）155
蚕霊之碑（岡山県和気町）157
昆虫碑（福岡県北九州市）159
昆虫塔（福岡県久留米市）161
虫供養塔（佐賀市）163
司蝗神（佐賀市）165
蚕霊神祠（佐賀県多久市）166
一石一字塔（大分市）167
ミバエ根絶記念碑（鹿児島県奄美市）169
ミバエ根絶記念碑（沖縄県那覇市）170
ミバエ根絶之碑（沖縄県石垣市）172

第２部●虫に関連する唱歌、童謡などの歌碑・句碑 173

◆歌碑・句碑採録にあたって 174
「郜鄲や」の句碑（岩手県平泉町）176
「閑さや」の句碑（山形市）178
「こおろぎなけり」の短歌碑（福島市）180
「とんぼのめがね」の歌碑（福島県広野町）181

もくじ

「赤蜻蛉」の句碑（茨城県つくば市）183
「新桑繭」の短歌碑（茨城県つくば市）184
「赤とんぼ」「とんぼのめがね」の歌碑
（茨城県龍ヶ崎市）185
「黄金虫」の歌碑（茨城県北茨城市）187
「野菊」の歌碑（埼玉県加須市）189
「赤とんぼ」の歌碑（埼玉県久喜市）191
「みどりのそよ風」の歌碑（埼玉県和光市）193
「みどりのそよ風」の歌碑（埼玉県和光市）195
「蜈蚣とぶ」の句碑（東京都世田谷区）197
「みどりのそよ風」の歌碑（東京都板橋区）198
「赤とんぼ」の歌碑（東京都三鷹市）200
「赤とんぼ」の歌碑（東京都三鷹市）202
「赤とんぼ」の歌碑（東京都あきる野市）204
「赤とんぼ」の歌碑（神奈川県茅ヶ崎市）206
「赤とんぼ」の曲碑板（神奈川県茅ヶ崎市）208
おわりに　241
主な参考・引用文献　245
「信濃の国」の歌碑（長野市）210
「赤とんぼ」「みどりのそよ風」の歌碑
（長野市）212
「子鹿のバンビ」の歌碑（長野市）214
「信濃の国」の歌碑（長野県松本市）216
「蛍川」の歌碑（岐阜市）218
「野崎小唄」の歌碑（大阪府大東市）220
「赤とんぼ」の歌碑（兵庫県たつの市）222
「赤とんぼ」の歌碑（兵庫県たつの市）224
「赤とんぼ」の歌碑（兵庫県たつの市）227
「春爛漫」の歌碑（兵庫県たつの市）229
「ひょんの実」の句碑（兵庫県赤穂市）231
「夏は来ぬ」の歌碑（兵庫県明石市）234
「はちと神さま」の詩碑（山口県下関市）236
「田舎の四季」の歌碑（愛媛県大洲市）237
「田舎の四季」の歌碑（愛媛県大洲市）240

MEMO

〈交通手段について〉

◆記事は、筆者が訪ねた折の公共交通機関を優先して記載している。車を使用したほうが便利な場合も多い。

◆公共交通手段は筆者が執筆したときのものである。特にバスは運行されるシーズンや運行日が限定されているものがある。一日当たりの運行本数が少ない場合もあるので、事前に確認いただきたい。

〈虫塚への立ち入りについて〉

◆国公立の試験研究機関や学校では、入口の掲示などに従い、本来の業務や勉学に迷惑をかけないよう配慮が必要である。

◆神社仏閣などは公開日が決められている場合がある。また、立ち入りできない区域に位置する場合もある。施設の指示に従うなどの注意や、参拝者への配慮も願いたい。

◆その他の施設でも、公開期間や公開日が限定されているところがあり事前の確認が必要である。

◆人家の近くに位置する場合もあるので注意願いたい。

〈表記について〉

◆第１部の個々の表題については、碑に刻まれている文字が摩耗したり、表示されていなかったりしているため、ごく一部の例外を除き旧字を避けた。例＝蠶→蚕、蟲→虫。また、碑に刻まれている名称と案内板、文献などの名称が異なる場合は、原則として後者を採用している。

◆年号については西暦を基本とし、必要に応じて西暦の後の（ ）内に和暦を入れているが、案内板、文献などから引用、もしくは要約して紹介する場合は原文を優先し、必要に応じて和暦の後の（ ）内に西暦を入れている。

MUSHIZUKA GRAFFITI

農業害虫の虫塚

虫塚（1400年代と推定）。東京都八王子市・廣園寺

虫供養塔（1685年）。佐賀市
（撮影：口木文孝氏）

一石一字塔（1719年）。大分市・丹生神社

虫供養塔（善徳虫塚）（1836年）。福井県敦賀市・本隆寺

イネクロカメムシ（善徳虫）（撮影：池田二三高氏）

福井県農業試験場「むしづか」での「虫放ちの儀」
（写真提供：福井県植物防疫協会）

虫塚（1839年）。石川県小松市
（撮影：林秀樹氏）

MUSHIZUKA GRAFFITI

有用・食用昆虫の碑など

マメコバチマンション

マメコバチマンション。青森県板柳町

リンゴの花とマメコバチ
（写真提供：板柳町
ふるさとセンター）

孫太郎虫供養碑

宮城県白石市

ヘビトンボ成虫

孫太郎虫（クロスジヘビトンボ幼虫）（撮影：中谷至伸氏）

地蜂友好の碑

ヘボの巣コンテストでの見事な巣

「地蜂友好の碑」と碑文。岐阜県恵那市串原
（写真提供：恵那市串原振興事務所）

蜜蜂の供養碑・感謝碑

みつばちの碑。福島県会津若松市

蜜蜂之碑。岐阜市

蜜蜂感謝碑。埼玉県深谷市

セイヨウミツバチ

蚕の供養碑

蚕供養塔。岩手県平泉町・毛越寺

蚕神塔。群馬県沼田市

蚕霊塔。埼玉県熊谷市・万平公園

蚕影山大神（右側）。長野県安曇野市

赤とんぼ
（ナツアカネ雄）

「赤とんぼ」の歌碑・記念碑

童謡の小道。
埼玉県久喜市

童唄のみち。茨城県龍ヶ崎市

西多摩霊園。東京都あきる野市

高砂緑地。神奈川県茅ヶ崎市

童謡の森。長野市

龍野公園。兵庫県たつの市

第1部

各地にみる虫の慰霊碑・供養碑・感謝碑・記念碑

丸みを帯びた虫塚
（東京都台東区・寛永寺）

◆虫塚収録にあたって

ここでは、歌碑や句碑を除く虫塚を紹介する。虫塚はどのような場所にあるのだろう。収録した約80か所のうち、寺と神社で半分近くを占めるのは「供養」という目的から頷《うなず》ける。研究で虫を取り扱う農業試験場などにあるのは全体の1割ほどで、博物館や昆虫館も1割近くある。路傍などが約3割を占めるのは、蚕《かいこ》の供養碑の多くがこのような場所にあるからだ。

建立の目的を見ると、慰霊碑や供養碑が感謝碑を加えて全体の9割近くを占めるが、有用昆虫では慰霊と感謝を切り離せない場合も多い。残りのいくつかは天然記念物の虫や珍しい虫を記念するものである。ヒメハルゼミやヤノトラカミキリなどがそれにあたる。

虫塚はいつごろからどのような虫を対象に建てられたのだろうか。東京都八王子市廣園寺《こうおんじ》の虫塚と蟻塚は1400年ごろ室町時代の可能性がある。年代が明確なものでは1685年（佐賀市）、1719年（大分市）、1751年（宮城県丸森町）、1820年（福井県小浜市）、1836年（福井県敦賀市）、1839年（石川県小松市）など江戸時代の稲害虫供養碑などが続く。的確な防除技術がなかった時代に、供養によってその後の被害がないことを祈ったのである。

対象の害虫は、現在でも重要なウンカ・ヨコバイ類のほか、イネツトムシ、イネクロカメムシなどだが、江戸時代には必ずしもバッタではない「蝗」という字が使われていて何の種類を指すのか明確でない場合もある。そのほかには北海道開拓時代に大発生したトノサマバッタを埋めたあとのバッタ塚や、１９９０年前後のミバエ類根絶を記念する碑が鹿児島と沖縄などにある。芭蕉の句を埋めた「せみ塚」や絵の材料として使った虫を供養した「虫供養碑」は江戸時代のものである。

有用昆虫で最も多いのは蚕の慰霊碑で、１８９０年代から１９３０年代を中心に各地に分布する。生糸を採るために殺した繭の中の蛹、病気や桑が受けた霜害のために死んだ蚕を供養する。ミツバチの供養碑や感謝碑、リンゴの受粉に活躍するマメコバチへの感謝塔もある。「疳の虫」に使われた宮城の孫太郎虫供養碑や岐阜の地蜂（ヘボ）友好の碑は珍しい。昆虫採集で集めた虫を供養する碑も昆虫館、学校などにある。

ほかにも鳴く虫やシロアリを供養するものなど多彩である。

虫塚を前に6月4日の「虫の日」、3月8日の「ミツバチの日」、8月3日の「はちみつの日」などに供養祭を行うところも多い。このように見てくると、「虫塚」を通じて人間と昆虫や自然とのかかわりを知ることができる。

バッタ塚

・北海道札幌市

バッタ（飛蝗）による被害は海外のことのように思われていて、日本でもかつて北海道で甚大な被害を及ぼしたことはあまり知られていないのではないか。そのことを知るためにも、この「バッタ塚」は意義がある。トノサマバッタは近く１９８６～１９８７年に鹿児島県の馬毛島《まげしま》でも大発生した。

「手稲山口《ていねやまぐち》バッタ塚」は、１９７８年８月21日に札幌市指定史跡になった虫塚である。

石碑の正面には「手稲山口バッタ塚」という文字と、トノサマバッタ（ほぼ実物大）の題で雌雄別の成虫や卵のう、切断面と書かれた絵がスケールとともに白い銘板に描かれている。市のホームページによると、バッタ塚の土地は１９６７年に宅地会社から市に寄贈されたもので、指定面積は９４１㎡である。

手稲山口バッタ塚の石碑（撮影：齊藤隆氏）

石碑の右隣にある金属製の説明板を要約すると次のような内容である。

「農耕が広く行き渡る前の北海道にも何十年かおきに飛蝗が発生した。記録に残っているものでは明治13年に十勝に発生、日高、胆《い》振《ぶり》、後志《しりべし》、渡島《おしま》などに広がって18年まで農作物に被害を及ぼし、開拓に着手したばかりの農家に深い絶望感を与えた。

当初は捕えた幼虫・成虫などをアメリカ、ヨーロッパ、中近東などの防除法を参考に土中に埋めて土で覆ったバッタ塚が数多くつくられた。津軽海峡を越え本州への侵入を防ぐ目的も持っていた。ここにある幅広い畝状の塚は、明治16年に主に札幌区の付近8㎞内外の地域で掘り集めた大量の卵のうを不毛に近い砂地に列状に埋め、厚さ25㎝ほど砂をかけてつくられたものと推定される。全部で100条ほどあった。」

所在地：北海道札幌市手稲区手稲山口324番地308
交通：札幌市営地下鉄「宮の沢」駅前、またはJR北海道「手稲」駅南口からJR北海道バスで「山口」停留所下車。そこから徒歩約25分（2.1㎞）

トノサマバッタの成虫
（撮影：鳥倉英徳氏）

虫塚

・北海道函館市

虫塚が建っている一角（撮影：齊藤隆氏）

函館市の函館公園の一角に市立函館博物館がある。博物館の本館にはホームページにあるように国指定の重要文化財「北海道志苔《しのり》中世遺構出土銭」などの考古資料、アイヌ風俗画などの美術工芸資料、ペリーの来航・箱館戦争・函館大火などの歴史資料、地質・鉱物・化石や北海道内外の動植物など自然科学資料の数々が収蔵、展示されている。

博物館本館の正面を左側に回り込むと壁沿いに「虫塚」がある。丸い本体の蓋にあたる頭部は函館市出身の彫刻家佐藤《さとう》正《せい》和《わ》重孝《しげよし》氏によるダイコクコガネの彫刻で、その前には「むしづか」と刻まれた四角い石が置かれている。

虫塚の左手には由来を書いた説明看板がある。

「この虫塚は、五稜郭公園内にあった市立函館博物館五稜郭分館玄関左脇に建てられていたものです。五稜郭分館は昭和30年に開館し、平成19年に閉館しました。昭和31年、五稜郭分館を会場に小中学生を対象にした、昆虫・植物・地学・電気のジュニアクラブが発足しました。

昆虫ジュニアクラブは標本作製に失敗した昆虫を供養するために、昭和33年11月２日にこの虫塚を建立しました。五稜郭分館の閉館に伴い、平成20年に虫塚を本館に移設しました。虫塚の蓋は、函館出身で東京芸術大学大学院美術研究科彫刻専攻を卒業され、昆虫彫刻等を創作されている佐藤正和重孝氏の作品（平成21年作）です。」

説明板には、当時の「昆虫ジュニアクラブ」と「虫塚建立式典の様子」の写真が添えられている。

所在地：北海道函館市青柳町17－1
交通：ＪＲ北海道「函館」駅前から市電「谷地頭」行に乗車し、「青柳町」で下車、函館公園正面入り口を通って本館まで徒歩約７分

ダイコクコガネが載る虫塚（撮影：齊藤隆氏）

バッタ塚

・北海道新得町

新得町字《あざ》新内にあるこのバッタ塚は２０１２年12月21日「新内バッタ塚」として新得町指定文化財に登録された。２０１４年3月に新得町教育委員会が設置した説明板によると、バッタ塚は土中に産みつけられたトノサマバッタの卵を土ごと掘り取って塚状に積み上げ、その表面に土をかぶせて堅く押し固めたもので、１００坪に1か所ないし2か所つくられた。１９６６年に行われた調査では、約5haの土地に高さ1m、直径4～5mの塚が70～80か所確認された。現地を訪ねると土饅頭のような形の「バッタ塚」が深い木立の中から距離を置いて次々に現れる。

森の中に点在するバッタ塚
（撮影：齊藤隆氏）

新得町が発行する「広報しんとく」の２０１３年1月号には「明治12年から18年まで続いたトノサマ

バッタの大発生時に明治政府が多額の費用をかけて駆除したバッタの死骸や卵を埋めた場所で、塚がほぼ原形のまま多数点在しているのは全国でも非常に珍しく、歴史的価値が高い」と記されている。

新内バッタ塚の説明板（撮影：齊藤隆氏）

また、かつて町が設置した「バッタ塚の歴史」という看板には、明治15年と16年の2年間で撲滅したバッタは卵で１３３９㎥、蛹で４００㎥に達し、これをバッタの数に換算すると３百数十億匹に相当すること、明治17年の全道的な長雨の影響でバッタの卵が孵化せずに腐ったため、ようやくバッタ騒動が終わりを告げたことが「新得町70年史」の記述として記されている。バッタには蛹のステージがないので幼虫のことだと思われる。

所在地：北海道上川郡新得町字新内西2線１８５番地一帯
交通：ＪＲ北海道根室本線「新得」駅から国道38号線を狩勝峠方面に向かって車で約15分（約15㎞）

バッタ塚

・北海道鹿追町

北海道十勝地区で明治10年代にトノサマバッタが大発生し、日高山脈を越えて石狩・札幌を襲ったことは、札幌市のバッタ塚で記したとおりである。この地区では然別《しかりべつ》川流域、現在の紅葉橋下流あたりに産卵地があって大発生し、バッタ塚もあったと伝えられるが明確な記録は残っていないそうだ。

町史によると鹿追町ではその後も小規模ながらバッタが異常発生して農作物に被害を与えていた。1980年6月にもバッタが大発生したが、このときに発生したのはトノサマバッタではなくフキ、イタドリ、ヨモギなどの野草やハンノキ、ハルニレなどの樹木の葉を食害するハネナガフキバッタである。

現地関係者による対策会議の結果、陸上自衛隊鹿追駐屯地の応援を得て、6月21日に一斉駆除作戦が行われた。低毒性薬剤の散布、一部の地域での草の刈り取りや小木を切り倒しての焼却を組み合わせるなどして駆除した。駆除したバッタの推定数は7億匹に上る。

それらのバッタを慰霊するとともに、今後の発生がないことを祈るため、各方面からの協力金と町建設業協会の労働奉仕を得て同年9月「バッタ塚」が下鹿追神社の境内に建てられた。

高さ2・76mの安山岩の自然石をコンクリート製の台座に据えたもので、中央部分には佐渡一男町長の揮毫による「バッタ塚」の文字が彫られた。これらの経緯は鹿追町の町史に記されている。バッタ塚の近くには鹿追町と同町教育委員会による簡単な看板が設置されている。

所在地：北海道河東郡鹿追町美蔓西18線22-18の地先　下鹿追神社境内

交通：JR北海道根室本線「新得」駅、根室本線「帯広」駅から拓殖バス「下鹿追」で下車し、徒歩約20分

下鹿追神社にあるバッタ塚
（撮影：齊藤隆氏）

1980年に大発生したハネナガフキバッタ（撮影：鳥倉真史氏）

バッタ塚跡

・北海道音更町

音更町《おとふけちょう》東士幌小学校の横に「バッタ塚跡」の指標と、横に士幌町教育委員会による説明看板があり、明治13年から17年まで十勝、日高、胆振、石狩でトノサマバッタが大発生したことや駆除のために卵塊、幼虫、成虫を埋めたところがバッタ塚跡であると記されている。

町が記した小学校を取り巻く地域の歴史には「歳月を経るに従い、嘗ての人跡未踏の原野に人馬の往来激しくなり、随所に見られたバッタ塚も影を失い、12号道路が明治41年に開通するや、交通は便となり畑地は広漠として道路、橋は整備された」とあるので、バッタ塚が徐々に姿を消していったことがわかる。

トノサマバッタの卵塊（卵のう）（撮影:鳥倉英徳氏）

バッタ塚跡を示す指標（撮影：齊藤隆氏）

所在地：北海道河東郡音更町東音更東4線17-1

交通：ＪＲ北海道根室本線「帯広」駅から十勝バスで上士幌線・ぬかびら線「音更12号」下道、道道31号線を４・２㎞東進（徒歩約50分）

マメコバチマンション

・青森県板柳町

「マメコバチの丘」に建つ「マメコバチマンション」

板柳町は日本を代表するリンゴの産地である（2014年度の生産量日本第6位）。板柳町ふるさとセンターに「マメコバチの丘」があり、1992年に建立された「マメコバチマンション」と名づけられた高さ2・4mと1・9mの二つのステンレス製の塔が並ぶ。リンゴの受粉に広く利用されるマメコバチに感謝する塔である。

国立研究開発法人農業環境技術研究所の試算で、青森県が受粉昆虫の農業貢献額全国第1位なのは、マメコバチによるところが大きいのだろう。

現在は判読しづらいが塔の正面にマメコバチがリンゴの受粉を助けていることを書いた「働き者のマメコバチ」という文がある。塔の開口部にはマメコバチが営巣するアシガヤを擬したプラスチック製の巣筒がはめこまれている。

板柳町ふるさとセンターは「学んで、遊んで、泊まれるりんごの里」を目指してつくられた6万㎡近くの敷地面積をもつ施設である。いろいろな建物やモニュメントが点在し、マメコバチマンションの近くにはマメコバチの増殖技術やリンゴ栽培の技術向上などに尽力した竹浪春夫氏の顕彰碑がある。また大きな果実を実らせる「ニュートンのりんごの木」は「フラワー・オブ・ケント」という品種で、ニュートンが万有引力の法則を発見した木の子孫にあたる。

マメコバチの普及に尽力した竹浪春夫氏の顕彰碑

町は1992年に5月8日を「マメコバチ感謝の日」に制定した。毎年その日には町長や関係者が列席して感謝祭が開かれ、マメコバチに感謝の意を表すとともにリンゴの豊作やリンゴに関連する作業に携わる人たちの安全が祈られる。

所在地：青森県北津軽郡板柳町大字野福田字本泉34-6　板柳町ふるさとセンター
交通：JR東日本五能線「板柳」駅から徒歩約10分

蚕供養塔　・岩手県平泉町

医王山毛越寺《いおうざんもうつうじ》は慈覚大師円仁が開山し、国の特別史跡・特別名勝の二重の指定を受けている古刹である。「平泉―仏国土（浄土）を表す建築・庭園及び考古学的遺跡群―」として２０１１年世界文化遺産に登録された。平泉駅前からのびる広い道を歩いて7分ほどで山門に着く。

毛越寺の本堂

境内に入りすぐ右に回り込んだ杉木立の一角に「蚕《かいこ》供養塔」がある。角錐形で肩までの高さは約１５０㎝、頂部までは約１６０㎝、礎石を含めると１８０㎝ほどある。本体の横幅は34㎝、奥行きは32㎝のほぼ正四角柱である。

正面に「蠶《かいこ》供養塔」、向かって右側面には「大正五年八月二十七日」とあり、左側面の文字はやや読みづらく、「建設者　西磐井蠶種製造者一同　全生繭取扱者有志」と彫られて

杉木立の中にある蚕供養塔

いるように見える。塔の詳しい由来は明らかでないようだが、このあたりはかつて養蚕が盛んだった土地である。

毛越寺では毎年1月15日に作様《さくだめし》が行われる。いろいろな作目の出来を籤《くじ》で占い、豊穣を祈る行事である。作目には稲や大麦などに蚕が並ぶ。しかも春（春蚕《はるご》＝「はるこ」「しゅんさん」とも読む）、夏（夏蚕）、秋（秋蚕）に分かれ、養蚕がいかに重要であったかがうかがえる。

毛越寺には藤原氏2代基衡《もとひら》から3代秀衡《ひでひら》の時代に多くの伽藍が建てられたが、藤原氏の滅亡後、度重なる災禍ですべて焼失した。現在境内には大泉が池を中心とする浄土庭園と平安時代の伽藍遺構がほぼ完全な状態で保存されている。これらを巡りながら、平安の古に思いを馳せよう。

所在地：岩手県西磐井郡平泉町字大沢
交通：ＪＲ東日本東北本線「平泉」駅から徒歩約７分

孫太郎虫供養碑

・宮城県白石市

「疳《かん》の虫（癇の虫）」とは乳児の異常行動の俗称で、夜泣き、癇癪《かんしゃく》、ひきつけなどを指している。「孫太郎虫」呼ばれるヘビトンボの幼虫を、乾燥させて数匹ずつ串に刺して漢方薬としたものが江戸時代から疳の虫によく効くとして有名で、奥州斎川（現・宮城県白石市）のものは特産とされた。

その斎川にある「孫太郎虫供養碑」はよく知られている虫塚の一つで、東北本線の越河《こすごう》駅から歩くと40分ほどかかる。駅前の道を左手に進み国道4号線に合流したのち、馬牛《ばぎゅう》沼を過ぎてしばらく先を右手に入るとやや急な右の斜面に「孫太郎蟲供養碑」と彫られた石碑が案内柱とともに建っている。田村神社の一角にあたる場所である。供養碑の一帯には庚申塚や小さな申の一文字が彫られた百庚申の石が多数並んでいる。

１９１９年（大正8年）8月に建立されたこの供養碑には、正面

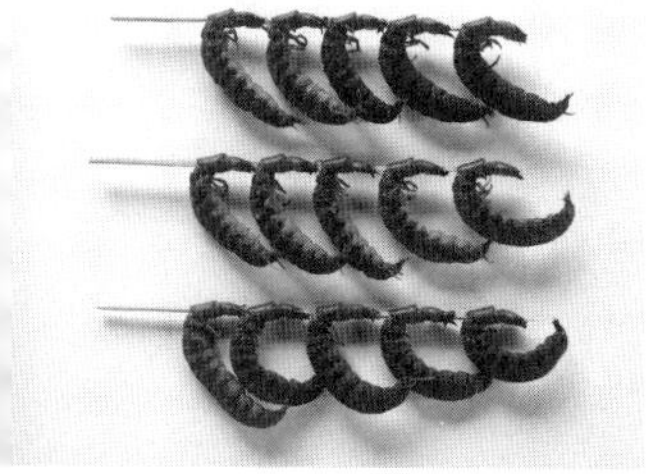

製品にするため串に刺したヘビトンボの幼虫

高さは170㎝ほどあって粘板岩製だそうだ。裏面に彫られている多くの名前や田村神社の資料館の中にある供養碑建立当日の写真を見ると、多くの人たちが孫太郎虫にかかわっていたことがわかる。

孫太郎虫の名の由来にはいくつかの説があるようだが、山東京傳の黄表紙「敵討孫太郎蟲」もその一つである。田村神社宮司の中川常磐氏によると、物語に書かれている時代から数えて供養碑を建立した大正8年が850年後にあたるので碑にはそのように彫られているのだという。1805年（文化2年）に書かれたこの物語を読むと初めの部分に永保（1081～1084）年中との記述がある。孫太郎という名の少年が祖父、父の敵討をする大変波乱にとんだ物語で、最後の部分では奥州斎川（幸川）の小エビのような形の虫（孫太郎虫）を食べて病を癒し、卑怯な武士を倒して本懐を遂げる。

田村神社の境内にある「資料館」を見学させてもらうと中に人が立っているのでギョッとするが、これはよくできた人形である。中には孫太郎虫を売る人と採集する人のリアルな人形や、採集のための道具類、孫太郎虫の標本、箱に入った往時の商品、各種の文献や写真などがぎっしり展示されている。また、資料館の手前には源義経の家来だった佐藤兄

孫太郎虫（ヘビトンボ幼虫）
（撮影：三橋淳氏）

孫太郎虫供養碑

弟の妻たちの孝を伝える「甲冑堂」が建つ。資料館の中にも甲冑堂物語に関連した資料や文献が並ぶ。

越河駅からの道の供養碑の手前にある「孫太郎茶屋」には店主の紺野新四郎氏がつくった孫太郎虫の形をした大小の民芸品や解説が書かれた額などが飾られている。そこで売られている「孫太郎餅」にはかつて孫太郎虫の粉が実際に入れられていたが、現在は虫の数が大きく減少したのでそのようなことはできなくなっているそうだ。

近くにある斎川小学校の校歌（作詞土井晩翠、作曲佐藤益喜）の2番の歌詞には「薬効のしるき奇虫のすむところ」という一節がある。これは孫太郎虫のことである。越河駅から孫太郎供養碑に向かう途中で通る馬牛沼には「鯉供養」の碑があり、沼の中に立っているのは面白い。

所在地：宮城県白石市斎川字館山
交通：JR東日本東北本線「白石」駅から車で15分、または白石市民バス「きゃっするくん」（平日運行）で「甲冑堂」下車すぐ、または東北本線「越河」駅から徒歩約40分

虫塚

・宮城県丸森町

石がたくさんあることで知られる丸森町の大張《おおはり》地区に二つの虫塚がある。角田市との境界に近い大張大蔵字松ノ倉のものは大きな樹が生えた斜面にあり「虫害供養」と彫られている。高さ84㎝、横幅58㎝、奥行き30㎝ほどの大きさで、1751年（寛延4年）10月21日に建立され、稲のイナゴ、ウンカなどの霊を供養したものと考えられている。

車で10分ほどの字清水にある虫塚には正面に「虫供養」と彫られている。高さ130㎝、横幅は基部が60㎝、上部が75㎝、奥行きは20㎝ほどあり松ノ倉にあるものよりも大きい。正面には「安永四・」という文字が微かに見えるので1775年の建立ということになる。

所在地：宮城県伊具郡丸森町大張大蔵
交通：ともにJR東日本東北新幹線「白石蔵王」駅から車で約20分、阿武隈急行線「丸森」駅から車で約25分。2か所の間は約10分

虫害供養碑

虫供養碑（右）

蚕慰霊碑と猫神さま

・宮城県丸森町

丸森町はかつて養蚕が盛んだったところで、町内に数多くの蚕供養碑がある。また「猫神さま」が多数あるのは珍しい。「猫神さま」には飼い猫を供養するためのものも一部含まれているが、大切な蚕を食べてしまうネズミを退治してくれる猫を祀るためにつくられた。群馬県などで「猫絵」が飾られていたのと同じような目的だろう。

「丸森町文化財友の会」発行の「丸森町の文化財第32集　丸森の猫神さま」によると、町内の「猫神さま」は石碑57基、石像7基にのぼり、さらに見つかる可能性もあるようだ。「猫神さま」は青森県から東京都、長野県に至る東日本各地にあるが、宮城県に多く、なかでも群を抜くのが丸森町だが、ここに特に多い理由はわからないらしい。蚕慰霊碑と猫神さまが並んでいるところを訪ねた。うち2か所について記す。

細内観音堂近くに建つ石碑

細内観音堂石碑（丸森町字田町北）

百々石《どどいし》公園の入り口にある観音堂の隣の子安観音堂左手の斜面に12基の石碑がある。蚕供養碑は中ほどの高さの左側にあり、高さ95㎝、横幅は基部52㎝・上部27㎝で、奥行きは30㎝、下段の中ほどに猫の座像を浮き彫りにした石碑がある。

黒佐野石碑群（丸森町大内字黒佐野）

虫供養碑のある大張地区より平坦な地域である。民家横の道路沿いの28基からなる石碑群で、蚕慰霊碑は後列の中ほどにある。高さは１００㎝、横幅35㎝、奥行きは20㎝ほどである。後列右側三つがいずれも猫の碑で、姿はそれぞれ異なる。鶴供養碑もあり、その解説が建てられている。

所在地：宮城県伊具郡丸森町

交通：阿武隈急行線「丸森」駅から細内観音堂は車で約5分、黒佐野は車で約25分

蚕供養碑が１基、猫神さま３基などが並ぶ黒佐野石碑群

せみ塚

・山形市

奥の院への石段途中に建つせみ塚

宝珠山立石寺《ほうじゅさんりっしゃくじ》（通称山寺）は松尾芭蕉が「奥の細道」で名句「閑さや岩にしみ入蟬の声」を１６８９年７月13日（元禄２年５月27日）に詠んだお寺である。山寺駅から土産物屋などを左手に見て橋を越えてしばらく進むと立石寺に着く。山門をくぐり仁王門に向かう急な石段を登ると左側に「せみ塚」がある。右にある「芭蕉翁」と書かれた丸いほうがせみ塚で、１７５１年（宝暦元年）に建てられたもののようだ。

せみ塚の横の説明板には「芭蕉の句をしたためた短冊をこの地に埋めて、石の塚をたてたもので、せみ塚といわれている」と書かれている。昆虫のセミそのものを供養するものではなく、「閑さや岩にしみ入る蟬の声」の句を詠んだ松尾芭蕉が遺した句の短冊を埋めたところであることがわかる。

有名な芭蕉のこの句のセミの種類が何であるかについて、

アブラゼミだとする斎藤茂吉とニイニイゼミだとする小宮豊隆との間でかつて論争があり、ニイニイゼミに落ち着いた経緯がある。しかし、その後も他の人によるいくつもの考察があって、ヒグラシなどとされることもある。

アブラゼミ

ニイニイゼミ
(撮影：河合省三氏)

立石寺は眺めのよいことでも知られ、「せみ塚」をさらに登ったところにある五大堂や登り詰めた奥の院からは仙山線が通る麓の町や周りの山々の眺望を楽しむことができる。また、寺の入り口近くの根本中堂近くから下山口にかけては大イチョウや「亀の甲石」、高浜虚子親子の句碑、こけし塚やいろいろな石碑が建っている。お寺の参拝に加えて、これらをゆっくり眺めるのもよいだろう。

所在地：山形市山寺　宝珠山立石寺（山寺）境内
交通：ＪＲ東日本仙山線「山寺」駅から入り口まで徒歩で約10分

みつばちの碑

・福島県会津若松市

みつばちの杜にある「みつばちの碑」

「みつばちの碑」は鶴ヶ城体育館駐車場に隣接した「みつばちの杜」の気持ちのよい木立の一角に建つ。福島県養蜂協会が1988年6月20日に建立した伊南《いな》川石の石碑である。碑の裏側には、蜜蜂が人類に大きな恩恵を与えていること、蜜蜂の持つ友愛、倦むことのない勤勉さ、ゆるぎない結束力、外敵に対して死を賭して群を守る犠牲的精神などを讃え、蜂人《ほうじん》として犠牲にした無数の小さな蜜蜂の霊に心からの鎮魂の祈りを籠めて建立するという意味の言葉が刻まれ、蜜蜂を慰霊するとともに働きに感謝する内容となっている。

近くにある福島県養蜂協会の説明板によると建立の経緯は次のようである。

養蜂協会員の念願である蜜蜂の碑を建てることが昭和45年に決定したが、山林の蜜源植物が減少したためトチ（栃）やアカシアなどの植樹に

5年間努めて、植林事業の目的を達してから昭和61年に建設の実行に移り、昭和63年8月3日この公園を「みつばちの杜」とした。

会津地方は1935年ごろから養蜂が盛んになったところである。毎年8月3日の「はちみつの日」のころに碑の前で福島県養蜂協会による供養祭が行われている。

近くには筆塚や軍人の慰霊碑があり、会津若松城（鶴ヶ城）の一帯には「荒城の月」の歌碑、「玄如節」の歌碑、鉄砲を持った新島八重の像、司馬遼太郎文学碑も建つ。東山温泉まで少し足を延ばせば「宵待草」の歌碑があるので、あわせて訪ねるとよいだろう。

所在地：福島県会津若松市追手町　鶴ヶ城体育館近く

交通：JR東日本磐越西線「会津若松」駅前から、まちなか周遊バス「あかべぇ」、または「ハイカラさん」に乗り「文化センター前」下車徒歩約5分

みつばちの杜から近くの鶴ヶ城

虫塚

・茨城県つくば市

筑波研究学園都市は茨城県南部に位置する研究学園都市で1960年代以降に開発され、現在では約300の国公立や企業の研究機関がある。その一つ旧農業環境技術研究所（現在は他の組織と統合されて農業環境変動研究センター）の本館近くの病理昆虫標本館横に虫塚が設置されている。正面には「蟲」の一文字が、裏面には「旧農業技術研究所有志建立　1985年6月吉日」と彫られている。

農業環境変動研究センター研究本館

かつて東京都北区西ヶ原にあった農業技術研究所がつくばへ移転することに伴い、昆虫研究部門は改組によって発展的に農業環境技術研究所の組織に移行した。農業技術研究発祥の地とも言える「西ヶ原」の名前が消えることになり、「西ヶ原」を偲ぶよすがとして旧農業技術研究所の昆虫科ゆかりの人たちよって建てられたのがこの虫塚である。「蟲」の字の揮毫は石井象二郎博士で、ここで祀られている「蟲」は昆虫だけではなく小動物をも含める広義の「虫」を指しているという。地元の筑波石が使われ、大きさは高さ140㎝、横幅130㎝、奥行き55㎝ほどもあって遠くから見る印象よりも大きなものである。

毎年6月4日ごろに農業関係の昆虫研究者が集まって「虫の日」の催しが開かれる。最新の研究成果に関するセミナーののち研究者が虫塚の前に集まって黙禱をささげ研究の対象となった虫たちの霊を慰めている。

所在地：茨城県つくば市観音台3-1-3
国立研究開発法人農業環境変動研究センター
交通：JR東日本常磐線「牛久」駅からバス「農林環境技術研究所」下車徒歩約5分　またはつくばエクスプレス「つくば」駅「みどりの」駅からバス「農林団地中央」下車徒歩約15分

筑波石でできた虫塚

生物供養碑

・茨城県かすみがうら市

千代田苗畑の一角に建つ生物供養碑

かつて東京都目黒区にあった林業試験場は１９７８年につくば市の筑波研究学園都市に移転した。これが現在の森林総合研究所となっている。

森林総合研究所の千代田苗畑《なえばた》は本所とは離れたかすみがうら市にあって、林木苗の大規模な試験を行うための施設である。門から奥に進むと建物の左手の森の中に「生物供養碑」が建っている。横には「史跡願成寺《がんじょうじ》址」の石柱が並んでいるが、ここは市指定文化財「堀内館跡」の一角にある場所である。

石碑の正面には「生物供養碑」、裏面には「１９７８年10月林業試験場保護部有志一同」と彫られている。林業試験場保護部は現在では森林総合研究所森林昆虫研究領域の名称で森林に関係する昆虫の研究を行っている部署である。石材はつくば近辺産のような花崗岩で、高さ174cm、幅275cm、奥行き60cmほどもある大型の石碑である。

よく見ると、誰がデザインしたのであろうか、表面にはトンボ、カマキリ、カブトムシ、クワガタムシ、コガネムシ、チョウ、ガ、セミ、ハチ、カメムシ、シャクトリムシ、クモ、ヤマドリ?などの楽しいイラストが「生物供養碑」の文字を取り囲む形で線刻されている。昆虫の姿を直接彫った塚は珍しい。30種類ほどもあってこれは何の虫だろうと考えているうち、たくさんの生き物を供養することになる。「生物供養碑」とあるので、研究の対象となった昆虫などのたくさんの生き物を賑やかに供養するのであろう。

表の面に線刻されたたくさんの虫たち（撮影：川崎達郎氏）

所在地：茨城県かすみがうら市上志筑52　国立研究開発法人森林総合研究所千代田苗畑

交通：JR東日本常磐線「石岡」駅、または「土浦」駅から関鉄グリーンバス「上志筑」下車。徒歩約15分

鎮魂碑

・茨城県牛久市

農作物の害虫の鎮魂碑

農薬登録のためには膨大な安全性に関する試験のほかに、決められた手順や管理方法に基づいて実施した作物への残留試験や効果に関する試験を国や都道府県などの研究機関で行い、国の審査を受けなければならない。

一般社団法人日本植物防疫協会は、植物防疫に必要な防除資材の実用化を促進するため、主に病害虫の防除を目的とする資材について、全国の公的試験研究機関等と連携して多様な試験研究を行っている。協会直営の試験施設も全国6か所にあり、牛久市にある茨城研究所はその中心となる研究施設である。

このような事業の目的で、農作物の害虫とはいえ試験研究で命を落とした虫たちを供養するために茨城研究所の一角に建立された虫塚がある。高さ95㎝、横幅67㎝、奥行き32㎝ほどの大きさの自然石で、正面には「鎮魂碑」、裏面には「平成4年10月23日建立」と刻まれている。

なお、この施設の持つ性格から構内には原則として立ち入りできない。

この研究所の向かいのバス停前には市民の憩いの場「牛久自然観察の森」が広がる。また牛久駅の反対側の西口から足を延ばせば牛久沼があり、その近くの観光アヤメ園には河童の像が建っている。牛久市は河童を描く画家として知られる小川芋銭《うせん》の出身地で、牛久駅西口は「カッパ口」と呼ばれ、市のマンホールの蓋も河童のデザインである。

近くに広がる牛久自然観察の森

所在地：茨城県牛久市結束町535　一般社団法人
日本植物防疫協会茨城研究所
交通：ＪＲ東日本常磐線「牛久」駅東口から牛久市コミュニティバス「牛久自然観察の森正門」で下車すぐ

ヒメハルゼミの碑

・茨城県笠間市

ヒメハルゼミは西日本各地の照葉樹林に生息する小型の蟬で、北限とされる茨城県笠間市の片庭《かたにわ》地区は天然記念物の指定を受けている。八幡神社と楞厳寺《りょうごんじ》が生息地である。重要文化財の看板が建つ道路際から歩いて奥に進むと八幡神社があり、急な石段の登り口脇にヒメハルゼミの石碑が建つ。本体の大きさは高さ78㎝、横幅90㎝、奥行き20㎝ほどで、正面には「文部省指定　天然記念物　姫春蟬　昭和九年　十二月二十八日」と彫られている。

裏面には「指定功労者　堀江廣先生　保護同志會　二十四名　昭和十一年四月三日建」とあるので、当時この蟬の研究に携わった堀江廣氏を顕彰しているようにも思える。近所の方に訊くとヒメハルゼミは7月上旬の夕立のあとなどに鳴くという。

八幡神社にあるヒメハルゼミの碑

そこから車で5分ほどの楞厳寺は臨済宗妙心寺派のお寺で、国の重要文化財である山門から気持ちのよい坂道を上ると石段の奥に本堂がある。お寺の話では本堂裏山の照葉樹で7月中旬ごろを盛りに鳴き、日が経つにつれ鳴く場所が少し移動する。両地とも時期になると蟬の声を聴きに訪ねる人がいるが、天気に左右されるので聴けないこともあるそうだ。

市立箱田小学校の校歌の3番では「姫春の森」と歌われ、校章もヒメハルゼミを象った意匠だったが、笠間小学校への統合のために2015年3月31日に閉校となった。校歌の石碑や校章入りの閉校記念の碑が校門の近くに建っている。

所在地：茨城県笠間市片庭2078　八幡神社境内

交通：JR東日本常磐線「笠間」駅から車で県道335号線、県道1号線を進み、片庭信号を右折して県道226号線を500mほどの左側（駅から約10分）

片庭のヒメハルゼミ
（撮影：梅谷献二氏）

虫魂碑

・栃木県宇都宮市

農業試験場駐車場わきにある虫魂碑

栃木県農業試験場は栃木県の豊かな自然と肥沃な土壌や穏やかな気候を活かして、豊かな農業の実現と環境の維持、向上のための研究を行っている栃木県立の試験研究機関である。

構内の駐車場の奥に虫塚があり、大きさは高さ63㎝、幅36㎝、厚さ32㎝ほどである。自然石の石碑で安山岩であろうか、中心に斑糲岩《はんれいがん》と思われる黒く四角い板（31×12㎝）がはめ込まれ、そこに「虫魂碑」と彫られている。裏面には「昭和45年4月吉日　病害虫関係職員一同之建」と刻まれており、関係の有志によって虫を慰霊するために建立されたことがわかる。

「病害虫関係職員」とは農業試験場や病害虫防除所、さらにはその他の組織で農作物を加害する病害虫の防除の研究や事業に関係した多くの方々を指している。石材は農業試験場近くを流れる田川から採取されたものだという。

この石碑は建立時には農業試験場内の別の場所にあったそうだが、2011年ごろ農業試験場の本館が建て換えられるに際し現在の場所に移設された。その後、駐車場が整備され、その横に位置することになった。

宇都宮市は童謡作家の野口雨情が最後の生活を送ったところで、農業試験場とは離れているが鶴田町に雨情旧居と筆塚、メルヘンチックな「あの町この町」の歌碑、鹿沼街道(県道4号線)を挟んでもう一つの「あの町この町」の歌碑、近くの羽黒山神社には「蜀黍《もろこし》畑《ばたけ》」の歌碑もあるので足を延ばしたい。

鶴田町にある「あの町この町」の歌碑

所在地:栃木県宇都宮市瓦谷町1080　栃木県農業試験場内
交通:JR東日本東北本線「宇都宮」駅から関東バス「野沢寺前」下車徒歩約15分

蚕霊供養塔

・群馬県前橋市

前橋市にある孝顕寺《こうけんじ》は松平直基《なおもと》によって建立された曹洞宗のお寺で、茨城県結城市、福井県福井市にある孝顕寺とともに日本三孝顕寺と呼ばれる。孝顕寺が所蔵する松平氏初代直基から8代斉典《なりつね》までの肖像は、同じく寺が所蔵する結城政勝の肖像とともに昭和48年9月24日に前橋市の重要文化財に指定されている。

その本堂の脇に立派な蚕霊《さんれい》供養塔が建っている。正面には「蠶供養塔」、裏側には「明治二十九年丙申第四月建立」と多くの人名が刻まれている。

前橋駅北口から歩いてもそれほど遠くないので、あわせて駅前にある地元出身の作曲家井上武士が作曲した童謡「チューリップ」の可愛い歌碑を見るのもよい。

所在地：群馬県前橋市朝日町4-33-13　孝顕寺境内

交通：JR東日本両毛線「前橋」駅から徒歩約20分、または上毛電鉄上毛線「三俣」駅から徒歩約10分

入り口から見る孝顕寺の本堂

孝顕寺本堂横に建つ蚕霊供養塔

蚕霊供養塔

・群馬県高崎市

笠石の部分にある蚕の成虫と繭

蚕霊供養塔

高崎駅東口から東三条通を右に進むと左側の駐車場の隅に石碑が建つ。本体は高さ88cm、笠石まで含めると120cm、横幅は33cm、奥行き32cmほどの大きさである。

正面に「蚕霊供養塔」、裏には読みづらいが「昭和二十九年十一月二十一日　群馬高崎養蠶販賣　農業協同組合建立」と書かれているようだ。笠の円形部分には蚕の成虫（蛾）が1頭と繭が8個彫られている。

横の看板には「まゆ工場跡地」とあり、日本の基幹産業であった養蚕が群馬県でも盛んだったこと、女工さんによって紡がれ、ほとんどが輸出されていたこと、この石碑は「おかいこさん」の工場脇に建てられていたものであることが記されている。

所在地：群馬県高崎市栄町
交通：ＪＲ東日本上越新幹線・北陸新幹線「高崎」駅から徒歩約5分

蚕神塔

・群馬県沼田市

沼田市上久屋町《かみくやまち》の十二《じゅうに》山神社にある蚕神を祀った石碑である。平出ダムバス停のすぐ横から十二山神社の赤い鳥居をくぐり、急な坂道と石段を登りつめると、石窟のように窪んだ崖の下に蚕神《さんじん》塔が建っている。この塔を中心として右に三つ、左に二つの祠が並ぶ。さらに少し離れた左手には二つの祠がある。蚕に関する石碑には文字が彫られるのが通例だが、ここでは坐像の女神像であるのが珍しい。浮き彫りにされた穏やかなお顔の女神は蚕の種紙と桑の枝を持ち、左右にそれぞれ五つと三つ繭の形が見える。

祠の中心に立つ蚕神塔

丸い上部には桑の葉を持つ女神像がある

蚕神塔へは十二山神社の鳥居をくぐって進む

女神が彫られた円形の部分は直径約40㎝、礎石を含めた全体の高さは約150㎝である。円形部分は厚さ15㎝ほどあり、右側面には「明治九年六月」と「子」という文字が、左側面には「當邸?・上組中」と世話人の名前が読める。入り口の赤い鳥居の両脇には「十二山神社」と「蚕影山《こかげさん》神社」の石柱が建っている。

この蚕神塔は群馬県により「ぐんま絹遺産」（第22‐86号）に指定されていて、県の資料によると毎年4月には地域の人によるお祭りが行われている。振り向くと樹木越しに平出ダムによってできた「みさと湖」を望むことができる。

二つ先の平出バス停の横には「蚕影山宮の石宮まで200m」の看板が設置されている。ここも「ぐんま絹遺産」（第25―81号）に指定されているところで、行ってみると両側の庚申塚などの奥にあるお宮の中に石宮が安置されているが、石宮は特定の日以外は非公開となっている。

所在地：群馬県沼田市上久屋町931‐1　十二山神社境内
交通：JR東日本上越線「沼田」駅から関越交通バス南郷線で約20分「平出ダム」で下車。
そこから徒歩約5分

蚕霊塔

・埼玉県熊谷市

万平公園の蚕霊塔

熊谷駅からほど近い熊谷桜堤は「日本さくら名所百選」にも選ばれている名所である。その手前の万平公園に「蚕霊塔《さんれい》」が旧熊谷堤に寄り添うように建っている。市民の憩いの場であるこの公園にもたくさんの桜があり、春には「蚕霊塔」も花で覆われる。

「蚕霊塔」は生糸生産のために使われた蚕の繭を慰霊する記念碑である。遠くからは仏舎利塔のように見えるが、実際にはコンクリート製の半円盤状で、それが本体の後背板となっている。本体である御影石製の六角柱台座の正面には「蚕霊塔」と記され、上に石製の大きな繭玉の塑像が載っている。仏塔のようでありながらヨーロッパ風の雰囲気も感じさせる。

後背板には女性の姿の二つのレリーフに加え、左右には時を経て読みづらくなった銘板があるが、要約すると右側には「我が国は近代国家として輝かしい発展を遂げたが、国民の生活や文化を高める経済的な大きな柱になったのは蚕であること、昔からお蚕様として大切にされたこと、県内の関係者は蚕の功徳をたたえて供養すること、３か年にわたって浄財を集めてこの蚕霊塔を建立すること、３月28日を蚕霊慰霊の日と定めて蚕業発展に努めること」が昭和36年３月28日、埼玉県蚕糸業協会の名前で記されている。左側には埼玉県蚕糸業協会を筆頭として建立に関係した多くの協会や協同組合などが名を連ね、製糸業がいかに大きな広がりをもっていたかがうかがえる。

蚕霊塔のレリーフ。繭かきの乙女

蚕霊塔のレリーフ。桑つみの乙女

公園入り口にある説明板で「蚕霊塔」は次のように解説されている。

「熊谷地域は養蚕が盛んな地域で、近隣に様々な絹産業遺産も所在していた。蚕霊塔は生糸生産のために使われた多くの繭に対する慰霊の祈念碑である。中央に繭の彫塑、『繭かき』（左）と『桑つみ』（右）のレリーフが飾られている。昭和36年（１９６１）、埼玉県蚕糸業協会が建立。新海竹蔵がデザインした。」

２０１６年３月に蚕霊塔の前に熊谷市と熊谷市小学校区連絡会

により設置された説明板には「蚕霊塔の概要」「熊谷と絹産業遺産」「レリーフ作者について」の3項に分けて詳しい解説が記されている。それによると新海竹蔵《しんかいたけぞう》（1897〜1968）は山形県出身の彫刻家で、上京したのち日本的な感覚を重んじた作品を制作した人である。公園の近くにはかつて繭の品質を調べるための埼玉県繭検定所があったが、1998年3月に閉鎖され、今では住宅地になっている。

製糸の歴史が学べる片倉シルク記念館

熊谷駅の反対側の北口から歩いて15分ほどのところに「片倉シルク記念館」がある。一帯は現・片倉工業の熊谷工場の跡地で、記念館には養蚕に関する多くの資料や製糸工場の機械、工場で働いていた人たちの様子などが数多く展示され製糸業の歴史を学ぶことができる。明治から昭和初期にかけて生糸が日本の総輸出額の半分を占め、それによって得られた資金が日本の近代化に大きく貢献したことを知ることができる。この施設は2007年に近代化産業遺産に認定された。

所在地：埼玉県熊谷市万平町1-1　万平公園の一角
交通：JR東日本高崎線「熊谷」駅南口から徒歩約10分

秋蚕の碑

・埼玉県深谷市

清心寺《せいしんじ》の山門前の石柱に「浄土宗石流山八幡院清心寺」と彫られている。馬頭尊、道祖神や庚申塚などを左右に見て山門を入ると左手に平忠度《ただのり》公墓の石柱、右側に立派な本堂がある。本堂の左手に石碑群があり、「秋蠶（蚕）の碑」、「祭蚕魂紀年碑」、「日本秋蚕業者之始祖　五明《ごみょう》紋十郎」の三つが並ぶ。一番左の「秋蚕の碑」は高さ85㎝（礎石を含めると115㎝）、幅85㎝、奥行き10㎝ほどあり、表には細かい碑文が刻まれているが判読は難しい。

清心寺の本堂。秋蚕の碑は左手奥にある

「蚕とともに歩む　埼玉県蚕糸業史（平成18年）」によると、1897年に建てられ碑文並びに書は大和田建樹氏である。これは五明紋十郎氏を顕彰した碑で、要約すると「人知が進み、国家を富ます秋蚕の起源を忘れていないだろうか。深谷の五明紋十郎は明治3年に信州南安曇郡稲核《いねこき》村を旅した折に、風穴を知り、養蚕への利用を思い立った。その年の冬蚕の卵を風穴に入れておき、翌年の6月に取り出したところ、蚕種は何のかわりもなく孵化した。多くの人たちは例のないこととして嘲笑ったが、これにより秋蚕の嚆矢をなすに至った」と記されている。

裏側には多くの人名が刻まれている。

中央と右側にある石碑も「秋蚕の碑」と一連のものであろう。

春蚕のみの飼育だったこの時代に、秋蚕の飼育を指導することは、作柄が不安定な秋蚕の飼育を禁止していた国の方針に反するとして関係者を罰した「秋蚕事件」が明治9年に起こっている。

所在地：埼玉県深谷市萱場441　清心寺境内
交通：ＪＲ東日本高崎線「深谷」駅から徒歩約15分

秋蚕の碑（左）など三つの碑が並ぶ

蜜蜂感謝碑

・埼玉県深谷市

蜜蜂感謝の二つの碑

埼玉県農林公園は深谷市（旧・川本町）にある15・9haの広大な公園である。その中に広がる2・2haの芝生広場の東側に「蜜蜂感謝碑」が建っている。埼玉県養蜂協会が1991年8月3日に創立50周年を記念して建てた記念碑で、高さ1・3m、礎石を含めると1・6m、横幅約2・5mほどもある大型のもので、直径38㎝ほどの花が集合した球状の部分が載っていて、5匹の蜂が働いている。

正面の「蜜蜂は生命を育む」という題字の揮毫は埼玉県知事畑和《はたやわら》である。名前の横には埼玉県養蜂協会によって「蜜蜂は人類の歴史とともに歩んできました　山野の花木　草原の花　園芸農作物等の花　これらの花粉交配と共に花蜜を集め蜂蜜を造り　人類の繁栄に多大なる貢献をしてきております　蜜蜂の持つ勤勉　団結　貯蓄の精神こそ私たちの鑑とするところで

あります　ここに創立五十周年を記念してこの碑を建立しました」と記されている。

感謝碑の右横には「蜜蜂を讃える碑」と書かれた石柱があり、こちらは10年後の60周年記念に埼玉県養蜂協会長が建てたものである。

毎年8月3日には埼玉県養蜂協会の関係者によって碑の前で「蜜蜂を讃える碑への献花式」が行われている。

埼玉県農林公園には木工細工ができる木材文化館、花卉温室、果樹園、野菜園などがあってさまざまな植物のことを学べるほか、ミニSL、子供広場などで楽しく過ごすことができる。五穀の塔、時計塔もユニークな形である。

所在地：埼玉県深谷市本田5768－1　埼玉県農林公園内

交通：JR東日本高崎線「熊谷」駅から国際十王交通バスで約35分「今市」下車、徒歩約10分

セイヨウミツバチ

碑にある花の上では蜂たちが働いている

虫慰霊之碑

・埼玉県長瀞町

上長瀞《かみながとろ》駅から歩いてすぐのところに「埼玉県立自然の博物館」がある。博物館右手の涼しげな「カエデの森」の一角に「虫慰霊之碑（蟲慰霊之碑）」が建つ。埼玉県立自然史博物館（現・埼玉県立自然の博物館）職員であった須永治郎氏が発案し、同博物館の松本充夫、中村修美、野澤雅美３氏の賛同を得て１９９１年に建立された。

須永氏が石材を選定したという黒い色の慰霊碑は角柱で、本体の大きさは高さ70㎝、横幅27㎝、厚さ６㎝ほどあり、二つの台座を含めるとちょうど１mの高さがある。１９９１年３月29日に館長（当時）の島田道郎氏が自ら神事を執り行って建立された。正面には

「埼玉県立自然の博物館」の入り口付近

長瀞の観光スポット「岩畳」

「蟲慰霊之碑」、裏側には「1991年春彼岸之建」の文字と施主4名の名前が刻まれている。

この博物館はさまざまな生き物を研究・展示している施設なので、慰霊碑の下には昆虫のみならず、傷んだ爬虫類、鳥や植物の標本も納められた。「蟲」は本来昆虫を示し、「虫」は昆虫に限らず広い小動物を含める意味を持つ字である。昆虫でないものも納められたのに、慰霊碑に蟲の字が使われたのは建立者全員が大の昆虫好きだったためのようだ。

カエデの森にある「蟲慰霊之碑」

博物館の前には「日本地質学発祥の地」の石碑といくつもの種類の岩石が並んでいるので、博物館内の展示と合わせ生物から石までの幅広い学習ができる。博物館を出て少し進むと長瀞の岩畳があるので、そこから一つ隣の長瀞駅に向かえばちょうどよい散策コースとなる。

所在地：埼玉県秩父郡長瀞町長瀞1417-1　埼玉県立自然の博物館の一角
交通：秩父鉄道「上長瀞」駅から徒歩約5分

蚕霊塔

・千葉県我孫子市

「蚕霊塔《さんれい》（蠶靈塔）」は我孫子駅南口の佃煮店に隣接した駐車場の隅にある。高さ80㎝、幅47㎝、厚み10㎝ほどで、高さ30㎝の台石に載っている。さらに基礎台座の上に祠も並んで設置されているので全体では堂々とした印象を与える。碑の正面には「蠶靈塔」の3文字が、裏側（道路側）には「大正十四年八月十五日」の日付と「山一林組の社章」と思われる刻印があるので「蚕霊塔」はこの山一林組が建立したものだと知れる。

我孫子《あびこ》市はかつて山一林組（1936年に石橋商店のちの石橋製絲が買収）の我孫子製糸所があったところである。山一林組は1912年（明治45年／大正元年）には全国第4位の生糸生産高を誇った会社で、我孫子製糸所は1906年に開設された女工300人以上が働く大工場だったという。

山一林組（石橋製絲）の跡地は大型スーパーとなっている。蚕霊塔は製絲工場内にあったが、区画整理に伴い現在の場所に移された。スーパーと通りを挟んだ「我孫子駅南口東公園」の入り口と四隅にある卵形をした計28個の車止めは蚕の繭をイメージしていて、高さ50㎝、直径30㎝ほどある。

我孫子駅の南口から15分ほど歩くと市民の憩いの場である手賀沼がある。我孫子市は多くの文化人たちとゆかりが深い土地で、関係の施設を訪ねるのもよい。駅前には白樺派の武者小路實篤、柳宗悦、志賀直哉たちが並んだ写真や、文化人たちの説明が書かれた案内碑がある。

所在地：千葉県我孫子市本町
交通：ＪＲ東日本常磐線「我孫子」駅南口から徒歩5分

蠶靈塔

繭形の車止めが並ぶ我孫子駅南口東公園

虫供養碑

・千葉県長生村

ＪＲ外房線八積《やつみ》駅から歩いて踏切を渡り右手に進むと大型（高さ１８５㎝、幅75㎝）の石碑が見える。これがよく知られた虫供養碑である。供養碑は道路に面していて、民家側の面に碑文、道路側の面には建立に協力した多数の人物の名前が金額とともに彫られているが年を経ていて読みづらい。碑文に謡曲の「松虫」が引用されているのが珍しいとされる。脇には長生《ちょうせい》村教育委員会による看板が建っている。碑は長生村の指定遺跡となっており、八積駅のホームの名所案内板に「虫供養塚　北０・１㎞」と書かれているのも珍しい。

鳴く虫を聴くのは江戸時代から盛んであったが、その

長生村指定遺跡の虫供養碑

長生村教育委員会による看板

虫を捕獲する業者が長生村岩沼（旧・八積村岩沼）に多く、江戸～大正時代まで捕獲と販売で生計を立てていた。その後も昭和の初期ごろまで鳴く虫を東京下町の本所、深川、向島などの業者に卸すため、上り列車は虫売りの人で賑わい、車中も虫の鳴き声で情緒豊かであったという。長生村岩沼の佐瀬吉松氏らが地元の業者らと東京の虫問屋の有志を募って虫の霊を慰めるため１９２３年に建てたのがこの供養碑である。

供養碑の建立の背景には、虫の数が次第に減少したことを虫の祟りと考えて供養祭を行って建立したとする記述（長谷川１９７６）と、活動写真、蓄音機、ラジオ放送など新たに普及しはじめた媒体の影響で陰りが見えた虫売りを嘆き百虫の霊を慰めるために建てたとする記述（谷川２００９）とが見られる。

所在地：千葉県長生郡長生村岩沼
交通：ＪＲ東日本外房線「八積」駅から徒歩約10分

虫塚碑

・東京都台東区

この「虫塚」は東叡山寛永寺の根本中堂の右手に建つ安山岩製の丸みを帯びた石碑で、東京都の指定有形文化財である。石碑の表面には「蟲冢」と彫られ、その下部に彫られているのは葛西因是《いんぜ》の撰文を大窪詩仏《しぶつ》が書したものだそうだが摩耗が進んでいるので判読は難しい。裏面には詩仏と菊池五山《ござん》の詩が刻まれているというがこれも読みづらい。

本体は高さ100cm、横幅120cm、奥行き25cmほどである。

石碑の横には台東区教育委員会による「増山雪斎《ましやませっさい》博物図譜関係資料　虫塚碑」と題名が書かれた英文併記の詳しい説明板が2013年10月に設置されている。

要約すると次のような内容である。

伊勢長島藩主の増山雪斎は虫類写生図譜である「虫豸帖《ちゅうちじょう》」の作画にあたり、たくさんの虫類を使用した。この虫塚はそれらの虫の霊を慰めるために本人の遺志によって1821年（文政4年）に建てられたものである。増山雪斎は江戸で1754年（宝暦4年）に生まれ１８１９年（文政２年）に66歳で没した。広く文人墨客と交流を持ち彼らの庇護者としても活躍した。自らも文雅風流を愛して、写実的な画法に長じ、多くの花鳥画を描いた。「虫豸帖」はその精緻さと本草学に則った正確さで有名である。虫塚は当初増山家の菩提寺、寛永寺子院勧善院内にあったが、昭和初期に寛永寺に合併されたことに伴い現在の場所に移設された。

所在地：東京都台東区上野桜木１‐14‐11　寛永寺　根本中堂手前の右側
交通：ＪＲ東日本山手線・京浜東北線「鶯谷」駅から徒歩約10分

根本中堂の門を入って右手にある虫塚

寛永寺の根本中堂

虫塚

・東京都文京区

「ファーブル昆虫館（虫の詩人の館）」はNPO法人「日本アンリ・ファーブル会」が運営する白銀色の瀟洒な昆虫館で、静かな住宅街の一角にある。ガの繭をイメージしたやや丸みを帯びた建物で、白い壁では何種類ものオブジェの昆虫たちが遊んでいる。

黄色に塗られた南仏独特のエントランスや外壁の一部が綺麗だ。館長はフランス文学者で昆虫に関する著作や翻訳で知られる奥本大三郎氏が務める。地下1階はファーブル生誕の地である南フランスのサン＝レオン村の家が本物の材料で再現され、廊下の壁には世界の昆虫が展示されている。1階は昆虫の展示に加え、ファーブルの肉筆原稿や著作物を展示したスペースで、昆虫の書籍や昆虫のグッズなどが

お洒落なファーブル昆虫館の外観

並ぶミュージアムショップでもある。ここで昆虫の基礎的な知識を問う「ファーブル検定」も受けることができる。

　この昆虫館の入り口左手の奥に虫塚が建っている。正面には奥本館長ご本人による「蟲塚」の二文字が、裏面には平成24年６月４日建立の日付と日本アンリ・ファーブル会奥本大三郎、寄贈者㈱真鶴石材工業所の社名が彫られている。石材は安山岩の一種で独特の色合いを持つ真鶴《まなつる》小松石、本体は高さがちょうど１ｍ、幅は広い部分で67㎝、奥行きは15㎝ほどの大きさである。

　この虫塚は平成24年６月15日に開催された「日本アンリ・ファーブル会」総会の日にお披露目され、翌16日に天王寺の住職によって開眼式が行われた。虫塚の建立は昆虫館開設前からの奥本館長の30年来の夢だったという。友人、ボランティアの方々の援助によってそれが叶い、子供のころから捕まえてきた虫、標本にした虫、踏みつぶしてしまった虫など、長い間に殺生を重ねてきた多くの昆虫たちの霊を昆虫仲間とともに慰めようと考え、江戸時代につくられた虫塚にならって建てられた。

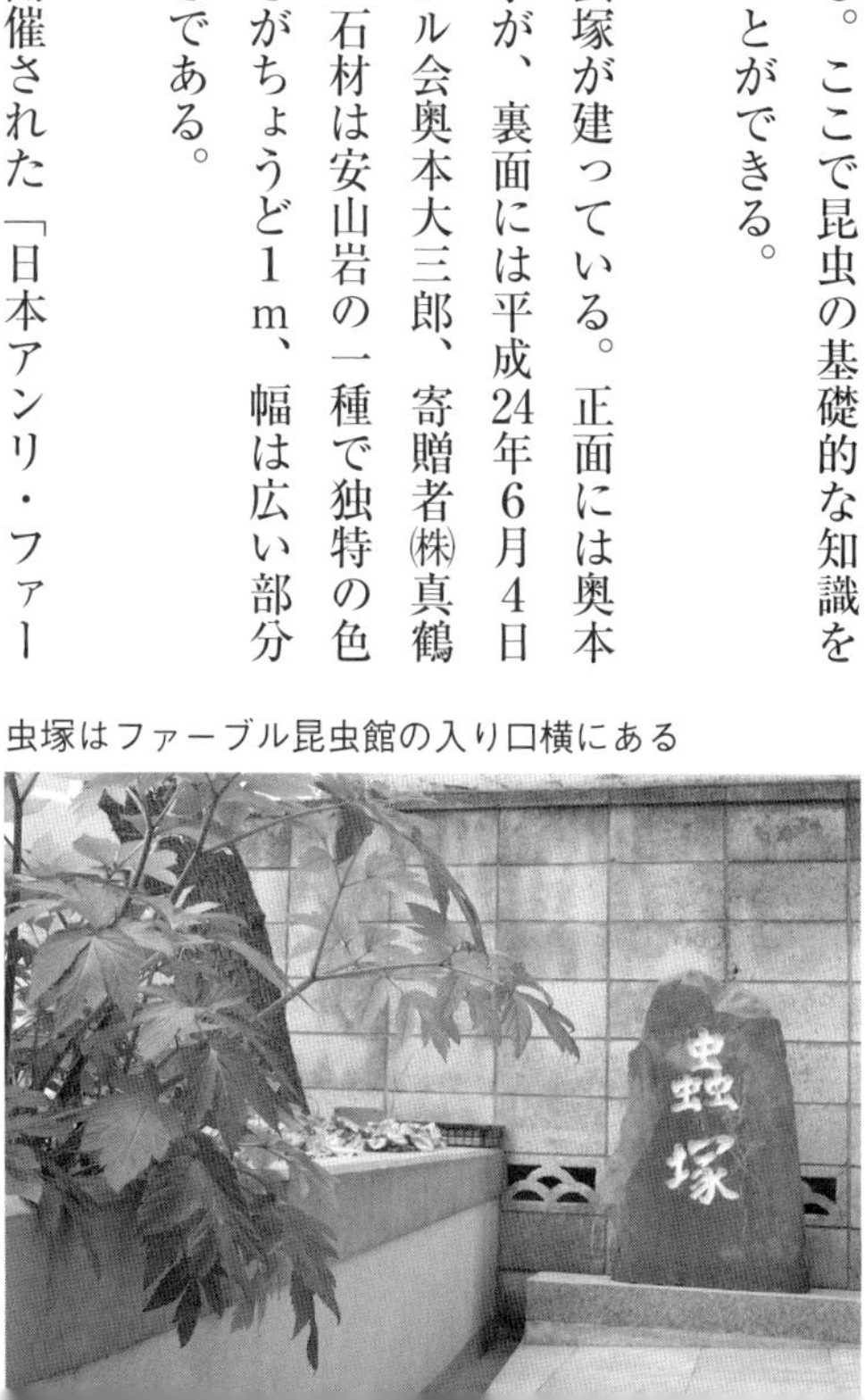

虫塚はファーブル昆虫館の入り口横にある

地下１階にあるファーブル生家の再現

「日本アンリ・ファーブル会」はファーブルを一つの理想像として、現代の子供を中心に自然への健全な感覚を養い育てることを活動の目標としている。採集などによって昆虫の死にゆく姿が決して無益な殺生ではなく、命の素晴らしさとともに死というものを最初に教えてくれるものであると捉えている。昆虫館は膨大な昆虫標本の保管ばかりでなく、採集会、標本作製教室、飼育教室なども積極的に開いて子供たちに自然に学ぶ機会を提供している。パンフレットには「『虫とは何か』がわかってくると、『自分とは何か』がわかってきます」と記されている。

毎年「虫の日」である6月4日には供養祭が行われているが、これは死んだ虫たちを供養するばかりでなく命の素晴らしさを感じてもらうための「虫を祝う日」なのである。そのような観点からこの昆虫館そのものが「虫塚」なのだと奥本館長は話している。

所在地：東京都文京区千駄木5‐46‐6
交通：ＪＲ東日本山手線・京浜東北線「西日暮里」駅・「田端」駅、東京メトロ千代田線「西日暮里」駅・「千駄木」駅、南北線「本駒込」駅から徒歩約10分

蟬塚 ・東京都練馬区

2015年10月につくられたばかりの新しい蟬塚

広徳寺（圓満山廣徳禅寺）は臨済宗大徳寺派の大きな寺院である。総門をくぐり、庫裏を回ると堂々とした大名家の墓が並んでいるが、その手前に「蟬塚」がある。拝石と香炉の奥に「蟬塚」と書かれた蒲鉾型の石がある。そこに当山の住職である海雲の名前と花押が彫られている。全体の大きさは幅70㎝、奥行き１００㎝、蟬塚と彫られた石の幅は27㎝ほどである。

「蟬塚」のいわれを住職の福冨海雲和尚は次のように話す。少年の修行時代に祖母から1週間程度の命しかない蟬を採ったり標本にしたりしてはいけないと言い聞かされてきた。また体力を消耗しがちな猛暑に元気に鳴いている蟬の声を聴くと励まされるので、広大な境内ばかりでなく、外出の折に地面に落ちているセミを見ると心が痛み、それを拾い、まだ生きているものは境内の草むらなどに放ち、死んでいるものはまとめて聖観音菩薩像の周りの土に埋めて供養することを30年以上続けてきた。

2015年には菩薩像の近くに「蟬塚」をつくり、そこに蟬の死骸を納めることにした。底は土の状態なので蟬たちはやがて自然に還っていくのだという。同年10月初めに蟬を塚の中に納めて供養した。和尚の生き物への温かいまなざしと、人間の驕りへの警鐘が感じられる。

広徳寺の総門

所在地：東京都練馬区桜台6-20-19　広徳寺境内

交通：西武鉄道池袋線「練馬」駅中央口から徒歩約20分

虫塚

・東京都八王子市

広園寺《こうおんじ》（兜率山《とそつさん》伝法院廣園寺）は室町時代の１３９０年（康応２年）に創建された臨済宗南禅寺派の古刹である。寺の境域は東京都指定史跡に、総門、山門、仏殿、鐘楼は東京都指定有形文化財（建造物）となっている。

広園寺の歴史ある虫塚

西八王子駅から起伏のある住宅街を抜けて、山門から境内に入ると亭々とした杉の大木が並び、都市の中にいることを忘れさせる。その境内の左手奥の一角に「虫塚」が建っている。金属製の柵で囲まれていて「虫塚」と書かれた小看板が前にあるが、由来など詳しい説明が記されたものはない。虫塚は途中から細くなった円柱状の石棒で、高さ90㎝、上部の直径は13㎝、基部の直径は17㎝ほどある。たびたびの火災にあったためか石棒は2か所で折れていて継いだような痕が見える。碑文は全く判読することができない。

西原伊兵衛氏（1962）によると、そのころには虫塚の近くに案内板があってそこには「往古相模国に虫多く出、耕作の害をなせしゆへ、廣園寺開山に願ひ、虫を此所にあつめて塚とせしゆへ、この名ありと云は、由て来ることも旧きことなるべし」と「新編武蔵風土記稿」にある文の一部を変えて記されていたそうで、その記事にはやや不鮮明ながら画像も載っている。この虫塚が開山のころにつくられたものだとすれば、我が国でも最も古いものに属すと考えられるという。

虫塚の近くには石仏などが並ぶ

所在地：東京都八王子市山田町1577　広園寺境内
交通：京王電鉄「山田」駅から徒歩約10分、またはJR東日本中央線「西八王子」駅から徒歩約20分

蟻塚

・東京都八王子市

「蟻塚」は「虫塚」と同じく広園寺《こうおんじ》境内にあるが、場所は異なり、本堂への石段左側に2基の石碑に挟まれるようにして建つ墓石状の塚である。表面が荒れて文字の存在も明らかではない。高さ約90㎝で礎石を含めると１１５㎝、幅は37㎝ほどある。

西原伊兵衛氏（１９６２）によると、「寺僧の話として、アリの大群が田畑を荒らした際に開山（寺の創始者）が法力によって退治し、その供養を行った。蟻塚がそのころのものだとすれば、大変古いものになるが文献的な裏付けは出来ていない。ここでいうアリは、小さな虫か害虫のことかもしれないが良く判らない」とされる。

所在地：東京都八王子市山田町１５７７　広園寺境内
交通：京王電鉄「山田」駅から徒歩約10分、またはＪＲ東日本中央線「西八王子」駅から徒歩約20分

広園寺境内にある墓石状の蟻塚

東京都指定有形文化財の広園寺総門

虫塚

・東京都小笠原村

トノサマバッタは海外での大発生が知られているが、日本においても１８８０～１８８５年に北海道で大発生を繰り返し、農作物を食い荒らして甚大な被害を与えていた。北海道の札幌市、新得町など各地に「バッタ塚」が残されていることは本書で記したとおりである。鹿児島県の馬毛島《まげしま》でも１９８６～１９８７年に大発生した。小笠原村においては１８８０年代から１９３０年代にかけて数回にわたってトノサマバッタが大発生し、サトウキビが害をこうむった歴史がある。

小笠原村公式サイト「小笠原村指定有形文化財」には虫塚（蟲塚）が建てられたいきさつが次のように記されている。

「母島では、明治10年代からサトウキビ栽培、昭和に入ってからは冬季野菜栽培が盛んに行われた。バッタ（イナゴ）の大発生によって、サトウキビ栽培が被害を受け、その駆除に苦労したという。農家にとって、害虫駆除はどうしても必要な作業である。しかし、虫

母島にあるバッタの蟲塚
（撮影：梅谷献二氏）

母島の奇岩「鬼岩」（撮影：河合省三氏）

も生き物であり、殺生したものの供養のため、蟲塚が建てられたという言い伝えがある。その後、栽培作物が変わっても害虫駆除は続けられた。この蟲塚は、母島の農業が戦前もっとも盛んであった昭和10年（1935年）8月に建てられた。蟲塚とその台石は、母島に産するロース石でできている」

ロース石は母島に定住し、開拓に貢献したドイツ人ロルフスによって発見された石である。この「蟲塚」は2010年7月22日に小笠原村指定有形文化財となった。

所在地：東京都小笠原村母島字船見台
交通：東京・竹芝桟橋より父島まで船。母島行の船に乗り換え沖港から徒歩約5分

虫塚

・神奈川県横浜市

農産物の貿易が世界的に拡大している現在、これまで日本にいなかった病害虫が海外から侵入するのを防ぎ、日本にいる害虫が海外に出て行くのを防止するのは重要なことである。農林水産省植物防疫所は海外からの病害虫の侵入を防ぐために輸入される植物に対する検疫、輸出相手国の要求に応じて日本から輸出される植物の検疫、特定の植物と病害虫の国内での移動を制限・禁止・規制し、それらに必要な調査・研究等を行うために設けられた国の機関である。

横浜植物防疫所新山下庁舎

横浜の山下公園にほど近い横浜植物防疫所新山下庁舎にある調査研究部およびリスク分析部は、植物検疫を最新の知見・技術に基づいて行うための情報の収集や、検査技術、消毒技術などの開発・向上、病害虫の調査・研究などを行う部署である。この新山下庁舎の敷地の一角に「蟲塚」が建っている。

「蟲塚」は敷地奥にあり、本体の高さは約90㎝（礎石を含めると約120㎝）、幅は70㎝ほどで、正面には「蟲塚」、裏側には「昭和45年2月　清水恒久建立」と彫られている。当時、横浜植物防疫所の所長を務めた清水恒久氏は、植物検疫事業が公務のうえであるとはいえ多くの昆虫の命を奪う仕事であることから、これらの虫たちを供養するため退官にあたってこの碑を建立した。

用いられた石材は秩父青石である。秩父青石とは埼玉県秩父地方に産する美しい青色の結晶片岩で、庭石によく使われる。同県加須市にある「野菊」の歌碑にも同じような石が使われている。なお、本機関の構内は原則立ち入り禁止である。

構内にある蟲塚

所在地：神奈川県横浜市中区新山下1‐16‐10　横浜植物防疫所新山下庁舎構内
交通：みなとみらい線「元町・中華街」駅から徒歩約10分

蚕霊供養塔

・神奈川県横浜市

相模鉄道いずみ中央駅を出て和泉川を渡り、県道横浜伊勢原線（長後街道）を右折した、JA横浜和泉支店近くに石碑が並んでいる。

神明社《しんめい》という小振りの社の斜面で、向かいは住宅である。三つの石碑と祠、仏像があり、左の一番大きいのが蚕霊供養塔で、正面には「蠶御霊神塔《かいこごりょうしんとう》」と彫られている。

右面には横浜市の資料によると「明治十一年寅年三月日立之　相模国鎌倉郡和泉村」、左面には指の印と大山道、裏面には「慶応二年寅の三月大に霜降り桑悉く枳して蚕飼育の法方を失ひ是により都亭此地に埋む」とあって旧暦3月の晩霜のために桑の木が枯れて餌がなくなり蚕が死んでしまったので、12年後の寅年に死んだ蚕を供養するために建てられた碑であることがわかる。群馬県にも同じような

神明社の斜面左側に石碑群がある

理由で建てられた蚕霊供養碑がある。

蚕霊供養塔は高さ70㎝、幅33㎝、奥行き31㎝ほどの大きさのほぼ正四角柱で、下から20㎝、18㎝、30㎝ほどの3段の台石に載っているので、地面からは140㎝ほどの高さになる。一番上の台石の周囲には60余名の人名が彫られていて、当時養蚕がこの地域で大切な存在であったのをうかがい知ることができる。

一番左が3段の礎石に載った蚕霊供養塔

石碑の奥には横浜市教育委員会が1994年3月に設置し詳しい解説が書かれた看板や蚕御霊神塔が1993年11月1日に横浜市地域有形民俗文化財に登録されたことを示す指標が建てられるなど、周辺はよく整備されている。

所在地：神奈川県泉区泉中央南4丁目
交通：相模鉄道「いずみ中央」駅から徒歩約5分

蚕霊供養塔

・神奈川県横浜市

相模鉄道いずみ中央駅から、県道横浜伊勢原線（長後街道）を泉中央南4丁目の蚕霊供養塔とは逆方向の西に進み、飯田バス停前の信号を左折して住宅地を通り抜けたところに三柱《みはしら》神社がある。拝殿の右手に「蠶靈神鎮座」と記された高さ95㎝の供養塔が建つ。幅と奥行きがそれぞれ35㎝ほどの正角柱で、2段の台石を含めると145㎝ほどの高さになる。右面に「明治二九年申一月吉日、相州鎌倉郡中和田村」、左面には「宇氣母智命《うけもちのみこと》」の文字が見える。2段の礎石の1段目には「上飯田下組」と記される。上飯田下組とは現在の飯田南町のことである。

三柱神社の境内で供養塔は拝殿の右手にある

このあたりは養蚕が盛んだったところで往時は8割の農家で養蚕が行われ、上飯田村では、養蚕の成功を祈った養蚕祈願が行われていたという。

入り口の説明板によると、三柱神社は大山咋命《おおやまくいのみこと》を祀る山王社、豊受姫命《とようけひめのみこと》を祀る稲荷社、菅原道真を祀る天神社を大正元年（1912年）12月に合祀したものである。郷土史に詳しい人に訊いたが、この供養塔がどこから移設されたものかはわからないそうだ。境内には社務所や町内会館が建ち、「飯田南子供の遊び場」もある。

三柱神社にある蚕霊供養塔

ここは前項の神明社の「蚕霊供養塔」とも近く、二つ離れた弥生台駅から歩いて15分ほどの中丸家長屋門とあわせて巡るのもよい。長屋門は横浜市認定歴史的建造物になっていて、門の奥にある長屋ではかつて養蚕が行われていたという。

所在地：神奈川県泉区上飯田町８４０
交通：相模鉄道「いずみ中央」駅から徒歩約15分

蜜蜂供養塔

・神奈川県厚木市

厚木市重要文化財である長谷寺の本堂（観音堂）

「飯山観音前」のバス停から坂道を登ると、坂東三十三カ所霊場の第六札所である高野山真言宗の飯上山《いいがみさん》長谷寺《ちょうこくじ》（通称飯山観音）がある。

途中から一頻り石段を登り金剛力士像のある仁王門をくぐって本堂である観音堂の横から右手に下ったところの深い木立の中に「蜜蜂供養塔」が建っている。１９８３年の建立なのでそれほど古いものではないが、なかなか風格がある。

表には「一九八三年十月　蜜蜂供養塔　神奈川県養蜂組合」と彫られており、揮毫者として神奈川県知事長洲一二書とある。

裏側にはミツバチへの感謝と慰霊の言葉が発起人たちの

木立の中に建つ蜜蜂供養塔

名前とともに彫られているが、正確には判読しづらい。毎年8月20日ごろには碑の前で神奈川県養蜂組合による供養祭が行われているという。

市の重要文化財である本堂（観音堂）近くには厚木市畜産会建立の畜霊供養塔と厚木市畜産部養鶏部が建立した鶏魂供養塔が並ぶほか、境内には馬頭観世音や句碑、歌碑、顕彰碑などたくさんの石碑があるので、お参りのあとでそれらを巡るのもよい。

ここは「かながわの景勝50選」にも選ばれており、寺から見下ろす眺めが心地よい。境内には市の指定天然記念物で「かながわの銘木100選」の樹齢約400年と推定されるイヌマキの大木もある。筆者が訪ねたときにはヒガンバナが参道の脇を飾るように咲いていた。

所在地：神奈川県厚木市飯山5605　長谷寺（通称飯山観音）境内
交通：小田急電鉄小田原線「本厚木」駅より神奈川中央交通（神奈中）バスで「飯山観音前」下車、徒歩約15分

虫塚

・神奈川県鎌倉市

カブトムシとクワガタムシの像がある入り口付近

建長寺は巨福山《こふくさん》建長興国禅寺といい、神奈川県鎌倉市山ノ内にある古刹で臨済宗建長寺派の大本山である。

境内の左側にある道を進んで奥の山の中腹にある半僧坊に向かう参道脇の竹林に「虫塚」がある。解剖学者でさまざまな著作や昆虫の収集でも有名な東京大学名誉教授養老孟司氏が建立したものだ。この「虫塚」をもともと発案したのは奥様だという。

養老氏は鎌倉市の出身で幼年時代から建長寺周辺の山林で昆虫採集をしていたが、長年にわたる昆虫採集や研究のために標本にしてきた昆虫、さらには標本にならなかった昆虫たちを供養するためにこの虫塚を建立した。完成記念の法要が「むし」に因んで２０１５年の「虫の日」６月４

日に行われた新しい虫塚である。法要には関係者約50名が参列したそうだ。

「虫塚」は養老氏が力を入れて分析してきたゾウムシの頭部を象った石の塚と、それを渦巻き状に取り囲む虫かごをイメージしたモニュメントの部分から構成されている。モニュメントのステンレス製の金網には白い砂が吹きつけられており、これから時を経てそこに苔が生え自然の色合いを増すことが想定されている。虫塚の入り口には狛犬のようにカブトムシ、クワガタムシの形をした石像が左右に並び、見に来た人を迎える。

たくさんの虫かごをイメージしたモニュメントは、著名な建築家の隈《くま》研吾氏が設計した。隈氏は栄光学園中学、高校および東京大学を通じて養老氏の後輩にあたる人である。

所在地：神奈川県鎌倉市山ノ内8番地　建長寺境内
交通：JR東日本横須賀線「北鎌倉」駅から徒歩約15分

ゾウムシの石の塚が中心にある

クワガタムシの石像

蚕霊塔

・神奈川県相模原市

相模湖駅から国道20号線を甲府方面に向かうと、右手に慈眼寺《じげんじ》への参道が分かれ、その左手角に馬頭尊、聖徳太子、蚕霊塔、仏像の彫られた祠状の石碑群が建つ。蚕霊塔は相模原が養蚕な盛んな土地なのでつくられたのだろう。

馬頭尊が最も高く150㎝強あり、蚕霊塔は高さ約80㎝、横幅43㎝、厚さ約25㎝である。蚕霊塔の右側面には慶応などの文字が読める。これらは道路工事などに伴い移設されたようだ。

中央高速道を跨ぐ陸橋を渡ると慈眼寺、急な石段の奥に与瀬《よせ》神社があって相模湖を見下ろせる。与瀬神社では4月に急な石段を神輿が下る例大祭が行われる。

所在地：神奈川県相模原市与瀬
交通：ＪＲ東日本中央本線「相模湖」駅から徒歩約10分

慈眼寺参道入り口の石碑群
（右から２番目が蚕霊塔）

慈眼寺への階段から振り返って見る石碑群。正面は石老山

無志塚

・新潟県胎内市

「胎内昆虫の家」と蝶のオブジェ

「無志塚《むし》」は昆虫館「胎内昆虫の家」から階段を下った庭園の木立の中にある。高さ約1・5m、礎石を含めると1・7m、横幅1・0m、奥行き0・2mほどの大きな石碑である。すぐ横には馬場金太郎氏の銅像が建っている。

馬場氏は千葉県で生まれたのち、黒川村（現・胎内市）で育ち終生地元の医療に尽くした人である。その一方で世界的な昆虫学者として知られ、膨大な昆虫の標本も残した。「無志塚」は氏が還暦を迎えるにあたり1973年に自ら黒川村に建立した石碑で、当初は近くの県立樽ヶ橋公園にあったが、1987年の「胎内昆虫の家」開館に伴い現在の場所に移された。

「胎内昆虫の家」から下った森に建つ無志塚

石碑の正面には「無志塚　生くるはかなし　死もまたむなし」と彫られている。裏の碑文は「胎内昆虫の家」の展示室にも読みやすい形で掲げられている。

「若い時から研究に藉口して、多くの昆虫の命を奪ってきた私であるが、生物が他の生命を犠牲にすることなしには生きられぬ宿命をかなしむ。それ以上に私を含めて人間が、緑の星・地球の主であるという思い上りをあわれむ。せめて、このささやかな碑を、もろもろの生きとし生ける人の営みのうちに失われた多くの小さい生命にささげたい。１９７３年８月28日　施主　虫キチ」とある。虫キチとあるのは馬場氏その人である。

体験型の「胎内昆虫の家」は市立の昆虫館である。見学のあとでミュージアムショップや、近くの「昆虫橋」のカブトムシや昆虫採集のオブジェを見るのも楽しい。雪深い地なので冬季には休館となる。

所在地：新潟県胎内市夏井　「胎内昆虫の家」の庭園
交通：ＪＲ東日本羽越本線「中条」駅からデマンドタクシー「のれんす号」で約30分

虫塚

・石川県金沢市

石川県農林総合研究センター農業試験場の敷地内に、公益社団法人石川県植物防疫協会が建立した「虫塚」がある。植物防疫協会は、農産物の安定生産、安定供給に必要となる病害虫や雑草の防除が適正かつ効率的に実施されるように、防除相談・指導事業、研修会開催事業、新規登録農薬の現地適応性試験事業などを推進している団体である。

虫塚がある農業試験場は、農作物に関するさまざまな試験研究を行う県の機関で、病害虫関係では、農薬に頼らない病害虫防除法の開発、減農薬のための病害虫発生予測システムの開発、病害虫発生状況の調査、病害虫防除や農薬安全使用に関する指導などを行っている。

2016年催行の供養祭の様子（撮影：森川千春氏）

これらの業務の過程で命を落とした虫たちを慰霊する目的で1990年6月に虫塚が建立された。堂々たる自然石で、正面には「蟲

塚　平成二年六月　石川県知事中西陽一書」と彫られている。建立の日には中西県知事の列席のもとに、多くの関係者が参加して除幕式が行われた。この虫塚は病害虫防除の関係者などから長年建立が望まれていたものである。

正面から見た虫塚（撮影：森川千春氏）

その後も木立の中に建つこの碑の前で6月4日（虫の日）に地元寺院の僧侶によって虫供養が執り行われている。植物防疫協会や県の関係職員などが参列するなか、農業試験場の病害虫研究者によって、実験のために使われた虫たちの死骸が収納壺に納められる。この虫供養は毎年行われ、２０１６年で27回目を迎えた。

所在地：石川県金沢市才田町戊295－1
交通：ＩＲいしかわ鉄道線「森本」駅で下車。ＪＲバス「農業試験場行き」終点、またはタクシーで約10分

虫塚
・石川県小松市

1963年11月3日、小松市の指定文化財に「史跡　埴田《はねだ》の虫塚」として指定された円筒状の虫塚である。塚の正面には「虫塚　天保十年（1839年）九月」、裏に回ると建立の理由や害虫コヌカ虫（ウンカ・ヨコバイ類）の発生の様相と防除方法が詳しく刻まれている。また、「虫」ではなく「虫」と書かれているのがユニークである。

円筒状をした小松市埴田町の虫塚（撮影：林秀樹氏）

森川千春氏によるこの虫塚の解説には「裏側の碑文の内容はまるで科学論文のように簡潔でしかも要所をもらしていない」と記されている。

石碑の文面は以下のとおりである。「ア、イカナル故ニヤ　當年七月上旬マデハ順気ムル卉草生ヨク早稲穂ニ出　一統悦ビ昼夜賑ヒ候内　同月中ノ旬コロヨリ俗ニコヌカ虫俄ニ

生ジ　ワセオヒオヒカレカカリ　中稲晩稲次第ニツヨク　稲多枯何レモ
及難儀　右虫布モメン袋ヲ以テトリ集メ候分此所ニ二十三俵許埋メオク
此末虫生ル時ハ艸修理ノ頃ハヤク木ノ實油ヲ用ユレバ愁ウスカルベシ
余ハ除蝗録ニ委シ虫ノ愁ヲ恐レ後年ノ記録ニ建之畢」（空白は筆者）

石碑の左手奥には小松市教育委員会による説明板があり、1783年（天明3年）と1832年（天保3年）から1837年（同8年）の大飢饉で多数の餓死者が出たが、2年後の1839年には能美《のみ》一帯がウンカの大発生によりまたしても凶作となったこと、埴田の十村役（名主のような役）の田中三郎右衛門が病虫の供養と防除法を後世に伝えるために建てたことが記されている。虫塚は鵜川石製で直径30㎝、高さ1ｍ70㎝とある。

坪枯れを引き起こすトビイロウンカ（撮影：川村満氏）

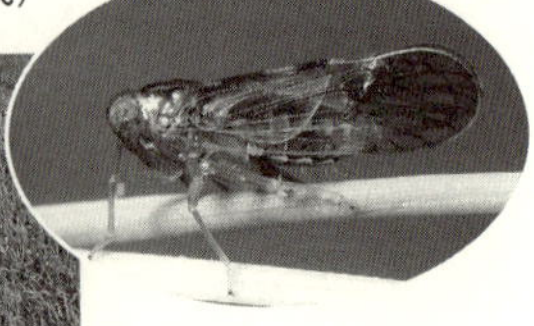

トビイロウンカによる稲の被害（坪枯れ）（撮影：川村満氏）

所在地：石川県小松市埴田町ニ257-2
交通：ＪＲ西日本北陸本線「小松」駅から国道360号経由軽海西交差点を左折し約1㎞。小松駅から約6㎞。車で約15分

虫塚

・石川県小松市

小松市埴田《はねだ》町にある虫塚と類似した形の円筒状で、これも鵜川石でできている。時期も同じ1839年（天保10年）9月である。正面には「虫塚」の二文字があり、正面から裏側にかけて詳しい説明文が彫られている。

裏側の碑文は次のとおりで、前項の小松市埴田町の虫塚に比べるとやや簡略な内容ではあるが要点は網羅されている。

「當年七月中旬頃ヨリ俄ニ稲株ヨリコヌカ虫多生シ悉稲ヲ枯シ一統ナンキニ及布木綿ノフクロヲ以テトリ集メ候虫此所ニ拾六俵埋ヲク　若此末虫生ル時ハ草修理ノ頃早ク木ノ實油ヲ用ユレハ愁ウスカルヘシ　余ハ除蝗録ニ委シ虫ノ愁ヲオソレ後年ノ記録ニ建之畢」（空白は筆者）

小松市岩渕にある虫塚
（撮影：林秀樹氏）

碑の横には1995年7月に岩渕町町内会が設置した説明石板があり、虫塚の由来と碑文の原文並びにその読み下し文が記されている。それによると埴田の虫塚と同じく田中三郎右衛門が建てたもので、内容は埴田の説明文に類似している。建立後150年にあたる1989年には、岩渕町民が記念法要を行って先人の労苦を偲んだとある。

この虫塚の高さ、彫られた碑文の文字数、捕獲された虫の数を埴田の虫塚と比べるとそれぞれ1／$\sqrt{2}$の関係にあることや、双方の方向が結界ではないかとする森川千春氏の興味深い考察（2004年など）がある。ちなみに埴田で捕獲された虫の「5斗俵で23俵」は体積計算で少なくとも2億頭にものぼり、実際の発生量はこれより数桁多かっただろうと同氏は推定している。

虫塚の横には詳しい説明板が建つ（撮影：林秀樹氏）

所在地：石川県小松市岩渕町ロ－117－1　岩渕町公民館前
交通：JR西日本北陸本線「小松」駅から国道360号経由で約8㎞。車で約20分

むしづか

・福井市

新潟県産のコシヒカリがよく知られているが、実際には福井県で育成された品種である。福井県農業試験場を訪れると本館の前に「コシヒカリの里」と当時の県知事中川平太《へいだ》夫《ゆう》氏が揮毫した立派な黒い斑糲岩の石碑が米俵に載った形で建っている。裏面には福井県農業協同組合中央会会長多田清志氏によるコシヒカリの来歴などを記した碑文と昭和59年11月吉日建立の文字が刻まれている。

この石碑はかつて何度か同地を訪れた折に目にしていたが、うかつなことに虫塚が近くにあることに気がつかなかった。改めて訪れてみると、コシヒカリの石碑から少し下った右斜面に、どうして見落としたのかと思われる一対の巨石からなる「むしづか」がある。あまりにも周りの景観に溶け込んでいることがそうさせたのだろう。

本館横にある「コシヒカリの里」の碑

安山岩の一対の巨石は丘に登る遊歩道のような小道にあり、左の石には平仮名で「むしづか」と彫られている。１９７２年６月４日に建立され、揮毫は当時の農業試験場長の瀧嶋康夫博士である。この石は幅１・５ｍ、地上部の高さ０・８ｍ、奥行き１・２ｍほどの不整形である。対をなす右手の石は幅２・３ｍ、高さ１・３ｍほどもあって岩と呼べるほどに大きい。この石を含めて足羽《あすわ》川の河原から全部で９個の石を採集したが、主役の一対の石のほか周りに配されている石がそれらなのだろう。これらがあまりにも大きくて重いので運搬や据えつけに大変苦労したようだ。虫塚全体の構図は福井県三国町の洋画家小野忠弘氏の設計による。

食糧生産のためとはいえ、研究のために命を奪われた病害虫を悼もうと当時の植物防疫の関係者の努力のもと、福井県植物防疫協会を中心に資金が集められ虫塚がこの地に建てられた。巨石の下にはウンカ、ヨコバイやカメムシなどの害虫の他に有用昆虫の蚕も埋められている。ここでいう「むし」とは昆虫ばかりでなく、小動物、微生物をはじめ植物までも含むものであるという。10年置きに記念植樹が行われており、巨石の近くにそれを示す白い杭が４本建っている。

農業試験場本館の近くに建つ虫塚

毎年６月４日に行われる供養祭の「虫放ちの儀」（写真提供：福井県植物防疫協会）

病害虫を悼む精神はいまも引き継がれ、毎年6月4日の「虫の日」には福井県植物防疫協会が中心となって関係者が参列のもと神事が執り行われている。宮司の修祓《しゅばつ》の儀、降神の儀、祝詞の儀のあとで、近隣のキャベツ畑で採集したアオムシから羽化したモンシロチョウがたくさん放たれる「虫放ちの儀」などが行われる。この日を単に死んだ虫を供養するばかりではなく、生命の営みについて考える日にしているのである。「虫放ち」は農業試験場などで県の植物防疫事業に携わった今村和夫氏の発案で、２０１５年には６４０頭もの成虫が放たれた。毎年このような行事が欠かさず行われているのは素晴らしいことである。生命を落とした虫たちもこれで浮かばれることだろう。この「虫の日」は不思議と雨になったことがないそうである。

所在地：福井市寮町辺操52-21　福井県農業試験場内

交通：ＪＲ西日本北陸本線「福井」駅からバスで約20分。「農業試験場前」で下車

虫供養塔

・福井県敦賀市

敦賀湾沿いの色ケ浜は昔から知られた風光明媚の地である。芭蕉も１６８９年（元禄2年）８月16日に前夜泊まった敦賀から種が浜《いろ》（色が浜）を船で訪れたことが「奥の細道」に記されている。「色ケ浜」のバス停から右手の坂を下りると、本隆寺がある。「奥の細道」に小さな法華経の寺と書かれているのがここのことである。本堂の手前にある開山堂の左手に並ぶ石碑群の中央に虫供養塔が建っている。

この虫供養塔は、天保年間に稲の害虫である善徳虫（イネクロカメムシ）が発生して、大変な凶作となったとき、村の柴田九郎右衛門がこれを憂い、本隆寺に虫塚を建てて虫霊を静め、五穀の成就を祈願したのが始まりだと言われている。碑の正面には「南無妙法蓮華経善徳虫塚」、向かって右の側面に「世話人柴田九郎衛門法号探心院総修日喜」、左側面には「天保七丙申（１８３６年）林鍾下浣八日本隆寺嗣法大事院」と書かれている。本体は高さ70㎝、幅28㎝、奥行き18㎝ほどで、側面の文字は風化のために読みづらくなっている。かつては毎年5月に住職の読経のもと村人による供養が行われていたそうだが、水稲を栽培する家がなくなった現在では虫供養祭は行われなくなっている。

虫供養塔がある本隆寺の開山堂の前には芭蕉の「寂しさや須磨にかちたる濱の秋」や西行の歌碑、本堂の前には「浪の間や小貝にまじる萩の塵」などいくつもの句碑があり、これを訪れる人も多い。敦賀駅までの間には気比《けひ》の松原や気比神宮などの名所が多く、気比神宮には芭蕉の像も建つ。

中央が虫供養塔（善徳虫塚）

本隆寺の開山堂、左奥に石碑群がある

所在地：福井県敦賀市色浜31-33
　本隆寺境内
交通：JR西日本北陸本線「敦賀」駅前からコミュニティバス常宮線で「色ケ浜」下車。徒歩約5分

善徳塚

・福井県小浜市

小浜にある善徳塚
（撮影：今村和夫氏）

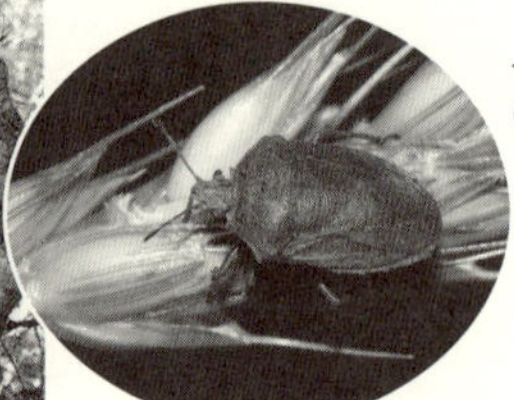

イネクロカメムシの成虫
（撮影：池田二三高氏）

小浜市次吉《つぎよし》から栗田地籍に入った山裾に善徳塚がある。自然石で造られ、碑銘に「諸悪虫輩交横馳走」と2行に記し、その間に「南無妙法蓮華経善徳虫供養」、右下に「国富《くにとみ》谷中」、裏面に「文政三庚辰年（1820年）春」と記されている。文政のころ国富谷中一円に善徳虫が大発生した。村民が旅僧「善徳」を殺害した祟りであろうと供養塚を建て、祟りが去るよう祈ったのが始まりだという。

「拾椎《しゅうすい》雑話」（1757～1767年）の「善徳虫といふ虫ありし。其かたち大なる豆粒にて、色黒く肩いかり角あり、羽ありて飛びたつ。稲穂をくらひて枯らす。……其虫を取る手は黄色にそまりぬ」という記述から善徳虫はイネクロカメムシであることがわかる（「福井県における　虫塚・虫送り・虫供養」㈳福井県植物防疫協会から抜粋改変）。

所在地：福井県小浜市次吉
交通：JR西日本小浜線「小浜」駅から車で約10分

虫塚

・山梨県北杜市

日本の国蝶であるオオムラサキの全国一の生息地であるとされる山梨県北杜市長坂町に「北杜市オオムラサキセンター」がある。オオムラサキが翅を広げた形をした本館から坂を下った木立の中に「虫塚（蟲塚）」が建っている。八ヶ岳山麓の安山岩製で、高さ90㎝、幅60㎝、奥行き20㎝ほどの大きさがある。この虫塚は２０１３年に建てられたもので、正面に「蟲塚」の二文字と、その横に「北杜市長　白倉政司書」の文字が刻まれている。

オオムラサキセンター本館の楽しい入り口

オオムラサキセンターではオオムラサキを中心に多数の昆虫を飼育しており、以前から死んだ虫たちを土中に埋めていた。２０１３年に虫たちの供養を目的として虫塚が建てられることになり、「虫の日」にちなむ6月4日に建立式が行われた。環境学習のために訪れていた東京都府中市の明星小学校の生徒90名も参加し、虫塚にかけた綱を引くなどして現在の場所に設置された。

そのときにはオオムラサキセンターばかりでなく来館者たちが飼育していた昆虫の亡骸もあわせて埋葬されたそうだ。建立式の様子は地元の新聞でも詳しく報道された。センターではその後も毎年6月4日には供養祭を行っていて、子供たちに虫の命の大切さを知ってもらう機会にしたいという。

オオムラサキセンターには映像室、雑木林のジオラマ、オオムラサキの生態がわかる展示がある「本館」、里山と人間とのかかわりがわかる展示や企画展が行われる「森林科学館」、自然に近い状態でオオムラサキの生態が間近で観察できる生態観察施設「びばりうむ長坂」の三つの施設がある。そこでオオムラサキの幼虫は「ムーちゃん」と呼ばれ親しまれている。

それらの施設を約6haの広いオオムラサキ自然公園が取り囲み、そこには棚田や畑が広がる農村公園、川原、小川、観察池、雑木林があって、多くの昆虫たちに出会うことができる。

事前に団体で申し込めば、自然観察、里山体験、オオムラサキのミニ凧づくりや間伐材を利用したキーホルダーづくりなどの工作や長坂町内の遊歩道をガイドとともに歩く「オオムラサキ観察道ウォーク」なども用意されているそうだ。本館のミュージアムショップではオオムラサキのいろいろなグッズが売られていて楽しい。

本館はオオムラサキが翅を広げたユニークなデザインをしていて、上の駐車場側から見下ろすと、その綺麗な色や形を眺めることができる。「虫塚」はその本館のオオムラサキ頭部の延長線上にあたる位置に設置されている。

オオムラサキは北杜市の「市の昆虫」に指定されており、近くの道路にあるマンホールの蓋もオオムラサキのデザインだが、これは合併によって北杜市になる前の北巨摩郡長坂町時代のものである。日野春駅の近くには立派な石碑「国蝶　オオムラサキの碑」があって、甲斐駒ヶ岳など勇壮なアルプスの連山をバックによい撮影スポットとなる。

所在地：山梨県北杜市長坂町富岡2812　北杜市オオムラサキセンター
交通：JR東日本中央本線「日野春」駅から徒歩約10分

本館下の森の手前に建つ虫塚

建立の日の虫塚設置（写真提供：北杜市オオムラサキセンター）

蚕霊供養塔

・長野県岡谷市

照光寺はかつて世界1位の生糸生産地であった長野県岡谷市にある真言宗の古刹で、山号は城向山、院号は瑠璃院である。境内に犠牲となった蚕の霊を祀り養蚕業の発展を祈念するため1934年に建立されたのが「蚕霊供養塔《さんれい》」である。照光寺は製糸業者の多くが檀家であったことから建立地に定められ、塔は寺の表参道と光明閣《こうみょうかく》の間に位置している。

当時は世界的不況のあおりを受けて製糸工場の休業や倒産があり、失業者が出るなど経済回復の見通しに不安を感じる時代であった。そのため製糸業関係者18人が発起人となって村民や工女など3万人にも及ぶ人から寄付を集め、犠牲になった蚕の霊を慰めようとしたことが建立の背景にある。

説明板によると蚕霊供養塔は木造鋼板葺重層様式の建築物で高さは37尺（11・2ｍ）、本尊の馬鳴菩薩《めみょうぼさつ》像が納められている。供養塔・碑には石造のものが多いなかで、木造は類例が少なく、意匠的にも優れた建築物だと評価されている。

蚕霊供養塔や馬鳴菩薩像の建立が単なる宗教的な行事ではなく、製糸業の発展を願う全市民的な事業として行われたことも明らかとなったため、蚕霊供養塔は２００７年経済産業省近代化産業遺跡群に認定された。また、２０１１年５月には蚕霊供養塔と馬鳴菩薩像が岡谷市の有形指定文化財となった。毎年４月29日には蚕霊供養例祭が行われる。

照光寺の立派な蚕霊供養塔

シルクについて学べる岡谷蚕糸博物館

正面と両側面の扉にある桑の葉の透かし彫り

岡谷駅から徒歩20分の岡谷蚕糸博物館（シルクファクトおかや）は、製糸、養蚕についてわかりやすく学べる施設で、製糸工場の見学もできる。

所在地：長野県岡谷市本町２‐６‐43　照光寺境内
交通：ＪＲ東日本中央本線「岡谷」駅から徒歩約５分

蚕影大神

・長野県安曇野市

養蚕は、明治以降の農家にとって米など農産物以外の現金収入源として家計を支える〝福の神〟ともいえる存在であった。そのため蚕「カイコ《かいこ》」と呼び捨てにせず、「おかいこさま」と呼び、神（蚕神《かいこがみ》）として祀るようになった。

繭《まゆ》がよくとれて収入の多いときもあったが、飼育中の蚕が病気で死滅することも起こり、死骸を土中に埋めて供養した。蚕の健全を祈るため、掃きたてから収繭まで無事生育できるようにと蚕神を祀った「蚕神」「蚕影《こかげ》大神」「蚕影山大神」「蚕玉神《こだまがみ》」などさまざまな名前を石に刻した祠が建てられるようになった。「蚕」ではなく「蠶」の字がよく用いられる。

「蚕影大神」の碑は旧豊科町に確認されている7体の蚕神のうちの一つである。

石碑には正面に「蚕影大神」と刻まれており、高さ１４７㎝、横幅は88㎝ほどの堂々としたもので、１９１７年9月に建立された。

「蚕影大神」と記されているので、筑波山の蚕影山に祀られている蚕影神社から勧請してきたものと考えられている。筑波山の蚕影神社（蠶影神社）は全国にある蚕影神社の総本社である。

安曇野には「道祖神」が1000体ほどあって、まさに道祖神の宝庫と言われているところである。この「蚕影大神」は道祖神（男女の神様が寄り添う双体像を刻んだ石碑）と並んで道路の脇に建っている。

所在地：長野県安曇野市豊科、下鳥羽中村中の四辻道路脇
交通：JR東日本大糸線「中萱」駅から徒歩約20分

蚕影大神が道祖神と並んでいる
（撮影：千野義彦氏）

蚕の文字や桑の葉の意匠がある筑波の蚕影神社

蚕影山大神

・長野県安曇野市

安曇野市豊科下鳥羽に「蚕影山大神」の石碑がある。高さ94㎝、幅77㎝、奥行き20㎝ほどのもので、近くの中村中の蚕影大神とよく似ているが隣の道祖神の位置が左側である。裏には「明治三十八年九月廿八日　下鳥羽本郷」と刻まれている。3ｍほど右側には「本郷郷蔵《ごうぐら》跡」の碑と二つの力石を伴った「ばんもち石」の碑が並ぶ。郷蔵は江戸時代に藩主への年貢米を収納したところで、碑の裏に昭和62年11月に解体したと記されている。力石は屈強な村民たちが力競べに用いたものである。

この地での養蚕の初見は1807年（文化4年）との記録があり、女の作間稼《さくまかせぎ》（稲作・畑作の合間に行う稼ぎ）として蚕飼《こがい》と機織《はたおり》が始められたという。養蚕を行うには蚕種（蚕の卵）が必要で、当時の生産地は不明であるが、蚕種の販売人が庄屋の統制下で生まれている。また、絹縮緬を買い取る松本藩の御用商人から取り扱い方について書したものが1818年（文政元年）に領内に触れ出されている。

灌漑用水路の最末流であった当地は水不足による旱魃に悩まされ、米が実らない年には養蚕の稼ぎ（まさに蚕玉さまのおかげ）で米を買って命をつなぐこともあった。碑が建立された１９０５年ごろは養蚕技術の改良が進んで、稲作業の合間に飼える夏秋蚕の全盛期を迎え、養蚕農家の比率が最も高かった時代だといわれている。

道路を挟んで、往時の暮らしを偲ぶことができる飲料水汲み取りの掘り抜き井戸がある。

所在地：長野県安曇野市豊科、下鳥羽本郷　下鳥羽上手集会所前
交通：ＪＲ東日本大糸線「中萱」駅から徒歩約20分

道祖神と並ぶ蚕影山大神

右隣には本郷郷蔵跡などの石碑がある

蚕太郎大神

・長野県安曇野市

豊科町高家《たきべ》（現・安曇野市）の熊倉《くまぐら》地区は松本藩の交通の要衝だったところで、近くを流れる犀川沿いには「熊倉の渡し」という渡し場の跡がある。近くの春日神社に蚕の石碑が建つ。梵字の下に「蠶太郎大神」と書かれ、上部には右に三つ、左に二つ合わせて五つの繭玉が彫られている。高さは80㎝ほどあって細長く蚕の幼虫を思わせる形をしている。

蚕を思わせる「蠶太郎大神」（撮影：千野義彦氏）

春日神社の東側境内の一角「御嶽社《おんたけしゃ》」の裏手にある「御嶽大権現」の石神を中心にコの字型にならんだ13基の石碑群のうちの一つである。中心の御嶽大権現の碑には「御嶽大権現　八十一才大斉敬書　天保五年甲午文月吉晨」とあり、他の12の碑も同じく１８３４年

熊倉の渡し跡（撮影：千野義彦氏）

13基の石碑のうち左手前が「蠶太郎大神」

（天保5年）に建てられたものだと思われる。

蚕神は単独で建立されることもあるが、このように他の神様と一緒に祀られるケースが多々見られる。豊蚕祈願のために建立されたのだろうが神事の詳細は不明である。

江戸時代は幕府の命によって平坦地への桑の植えつけが禁止されていたが、江戸中後期になると、傾斜地で水利の悪い土地をもつ藩には養蚕を奨励するところがみられ、この碑のある松本藩は1783年（天明3年）に養蚕を奨励した記録がある。1796年（寛政8年）には、「蚕飼うは利益あるものなり、桑を植えよ。桑が馬に踏み荒らされぬよう、桑葉を盗まれぬよう夜回りをせよ。妻たるものは蚕を飼い、糸をつむぎ、はた織りに励むべし」との御触書が藩内に出されている。

所在地：長野県安曇野市高家2410　春日神社境内
交通：ＪＲ東日本大糸線「豊科」駅から車で約20分

経王塔

・長野県木曽町

長野県の開田《かいだ》高原は蕎麦の故郷として有名なところである。西野村（旧・開田村、現・木曽町）では江戸末期から明治初年にかけて大規模な用水路と水田の開拓が行われた。１８８９年（明治22年）に同村の駒背原《こませばら》に建てられた高さ２ｍほどもある「経王《けいおう》塔」にそのいきさつが詳しく刻まれている。その碑文の末尾には「明治二十一年虫害大ニ起リ勢将ニ猖獗ナラントセシヲ以テ撲殺ニ力ヲ用ヒ終ニ其効ヲ奏シ幸ニ其害ヲ免ル」とある。

さらに「経王塔」建立のいきさつを記した「経墓建設万庸記」には「天候の良かった翌年には田稲に蝗虫が発生し甚しきは青々と生育した稲葉を加害し出穂を妨げて収穫が皆無となるので、法華経を一字一石に書いて供養すれば虫害がなくな

経王塔（撮影：田近清暉氏）

る」という意味のことが書かれているそうなので、この「経王塔」は害虫の発生がなくなるように祈念したものであることがわかる。

　ここで言う「蝗虫」とは何であろうか。「青々とした稲の葉を加害して出穂を妨げる」という加害の様相や、この地方が標高1000ｍを超える高所であることから推察すれば「蝗」を指すことが多いウンカではないものと思われる。長谷川仁氏はこの塔のことを「明治21年イネツトムシ大発生時の供養碑であるという」と記している。イネツトムシとはチョウの一種イチモンジセセリの幼虫のことで、イネの葉を苞《つと》のように綴って食べる害虫である。

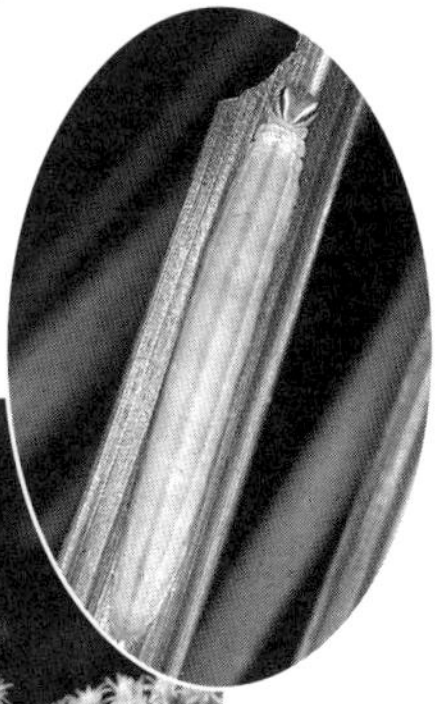
イネを加害するイチモンジセセリの幼虫（イネツトムシ）（撮影：池田二三高氏）

イチモンジセセリの成虫

所在地：長野県木曽郡木曽町開田高原西野駒背原３１２７
交通：ＪＲ東海中央本線「木曽福島」駅から開田高原線で「開田支所」下車後、巡回バス開田西野線で「やまか旅館前」下車、約３００ｍ

昆虫碑

・岐阜市

昆蟲碑と記念昆虫館。昆虫博物館は右奥の建物

名和昆虫博物館は１９１９年に開設された「現存する日本最古の昆虫専門博物館」で、岐阜公園の一角にある。文化庁の登録有形文化財および岐阜市の都市景観重要建造物である。この昆虫博物館の建物の入口に向かって左隣の記念昆虫館の前に堂々とした「昆虫碑（昆蟲碑）」が建っている。

この「昆虫碑」は初代館長でギフチョウの発見者としても知られる名和靖氏が還暦を迎えるに際して「多年昆虫に親しみたる記念として」１９１７年に自ら建立したものである。

「昆蟲世界第21巻２４２号」によると、正面中央の純白色部は水戸から取り寄せた寒水石、「昆蟲碑」の文字は石象眼、正面の縁と側面、裏面は岐阜県不破郡赤坂町金生山の大理石で、６尺の台に載せられた碑は高

名和昆虫博物館の入り口

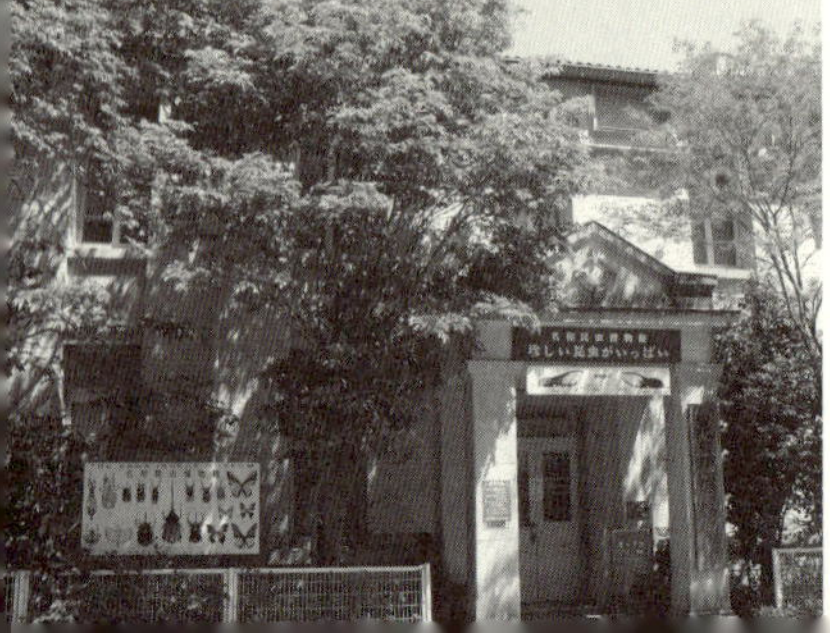

さ7尺、正面3尺、側面2尺で地面から頂上までは1丈3尺（約3・9m）とある。裏面には「揮毫　真宗本願寺派管長事務取扱　六雄澤慶」の名がある。名和靖氏は岐阜市本願寺と関係が深く、そこにある「駆蟲之碑」の建立にもかかわっている。

名和靖氏の業績については、瀬戸口明久氏著の「害虫の誕生―虫からみた日本史」に詳しい。初代館長の名和靖氏（1857〜1926）は著名な昆虫学者で、農作物の害虫に関する国の研究体制が現在のように整っていなかった時代の1896年に名和昆虫研究所を設立して、農業害虫の研究を行うばかりでなく全国の農村の指導者を集めて昆虫に関する知識や害虫防除に関する講習会を積極的に行った人である。害虫の防除をまだまだ「虫送り（虫追い）」や「虫除けのお札」に頼っていた農民がいた時代のことである。名和靖氏は科学的な啓蒙に力を入れた一方で、全国に残る虫の供養塔の保存も呼びかけている。このようなことで自ら「昆虫碑」を建てたのだろう。

世界の昆虫がたくさん並ぶ記念昆虫館の1階

1階奥にあるギフチョウコーナー

その後、国の研究体制が整ってきたのに伴って、内容

「春の女神」と呼ばれるギフチョウ

は現在のような昆虫を展示する性格に変わっていった。名和氏は標本の収集に熱心で当時から大量の昆虫標本を集めていて、１９１９年に設立された名和昆虫博物館は一般の人向けに数多くの昆虫を展示する施設である。

館内には２フロアにわたって世界の美麗な昆虫が多数展示され、クイズや昆虫３種類のスタンプラリーなど工夫が凝らされている。１階の奥にはギフチョウの一生についての充実した特設コーナーがある。入り口横のミュージアムショップでは、標本やさまざまなグッズが売られていて、どれを買おうかと迷ってしまう。

５代目にあたる現館長の名和哲夫氏も歴代館長と同じく能弁の持ち主で、興味深い話に時が経つのを忘れてしまう。博物館を二度訪れたことがあるが、親子連れ、若い夫婦、若い尼さん、新聞記者などが次々に訪れ、訪問者の層の厚さを感じた。

広い岐阜公園には見どころも多いので「昆虫碑」「名和昆虫博物館」と合わせて、あちこち訪ねたい。

所在地：岐阜市大宮町２-18　岐阜公園一角の名和昆虫博物館近く
交通：ＪＲ東海「岐阜」駅・名鉄「岐阜」駅から長良橋方面バス「岐阜公園・歴史博物館前」下車、徒歩約５分

駆虫之碑

・岐阜市

岐阜市にある本願寺岐阜別院（西別院）の境内に「駆虫の碑」がある。碑は初め境内の別の場所にあったが、何年か前に現在の場所に移設された。

金森吉次郎著の「予が知れる名和昆蟲研究所」によると、この碑は明治45年4月21日に竣工したもので、総高約1丈3尺、碑石の高さ約7尺、幅約3尺、上部にある篆額の蝶形は横2尺、縦1尺5寸ある。右の翅の部分に「驅蟲」、左の翅に「之碑」の文字がある。

駆虫之碑の頂部にはチョウの姿が彫られている

表の碑文は本願寺の高僧中山雷響ほかによるもので、文献には「夫昆蟲ニ害ト益トアリ国家ノ経済ニ関スルコト頗ル大ナリ益蟲助クベク害蟲除カザルベカラズ昆蟲ノ研究豈

駆虫之碑

忽ニスベケンヤ名和氏奮然斯道ニ従ヒ奏功顕著ナルニ及ビ世人亦漸ク驅蟲ニ努ムルニ至ル想フニ此事殺生ニ属スト雖モ益虫ヲ助ケ害虫ヲ除クハ是固ヨリ大慈ノ行ヒナリ然バ則チ驅蟲ノ霊タルモノ亦以テ瞑スベシ茲ニ有志相謀リ碑ヲ建テ其ノ霊ヲ弔フ」とある。

名和昆虫研究所の名和靖氏の「研究などのために殺した害虫を弔う」とした意思を継いで建てられたことがわかる。当時は害虫の駆除を「殺生戒を犯す」ものであると誤信する農家があった時代で、名和氏がこの碑を建てた背景にはそのような世情も関係している。裏には「明治四十五年四月建之　岐阜県下真宗本派同志會ほか発起者」と彫られている。

県の重要文化財である「本門」

所在地：岐阜市西野町3‐1　本願寺岐阜別院
交通：JR東海東海道本線「岐阜」駅・名鉄「岐阜」駅から岐阜バス「市民会館・裁判所前」下車。徒歩約5分

蜜蜂之碑

・岐阜市

白亜の「蜜蜂之碑」

「蜜蜂之碑」は岐阜県養蜂組合連合会が建立した白亜の碑で、岐阜護国神社近くの長良川河畔の緑地にある。台座上には花束を抱く母子3人の彫像があり空を見上げている。背後は上部に六角の巣房《すぼう》（「そうぼう」とも読む）の形とそこにミツバチのレリーフを埋め込んだ板状をしていて、母子が見上げる先はミツバチのレリーフのようだ。高さ5ｍ、横幅2ｍほどもある大型の供養碑であるが、周辺の風景によく溶け込んでいる。虫塚には石材を使ったものが多いなか、西欧風の雰囲気をもった「蜜蜂之碑」のようなお洒落なものは珍しい。

制作者は岐阜市出身の彫刻家手島脩氏で、1960年11月23日の勤労感謝の日に武藤嘉門前岐阜県知事や全国の養蜂関係者多数の参列のもとに盛大な除幕式が行われた。台座には「蜜蜂之碑」と彫られ、長良川に面する裏面には「近代養蜂発祥の地をトし、併せて蜜蜂の勤労、平和、友愛の精神を讃えここにこれを建てる」と記されている。

１９５３年ごろから全国的にミツバチの腐蛆《ふそ》病が蔓延の兆しを見せ、養蜂が盛んな岐阜県でも１９５５年に大発生を見た。当時は有効な防除技術がなかったので多くのミツバチを土中に埋めることによって蔓延を防がざるを得なかった。

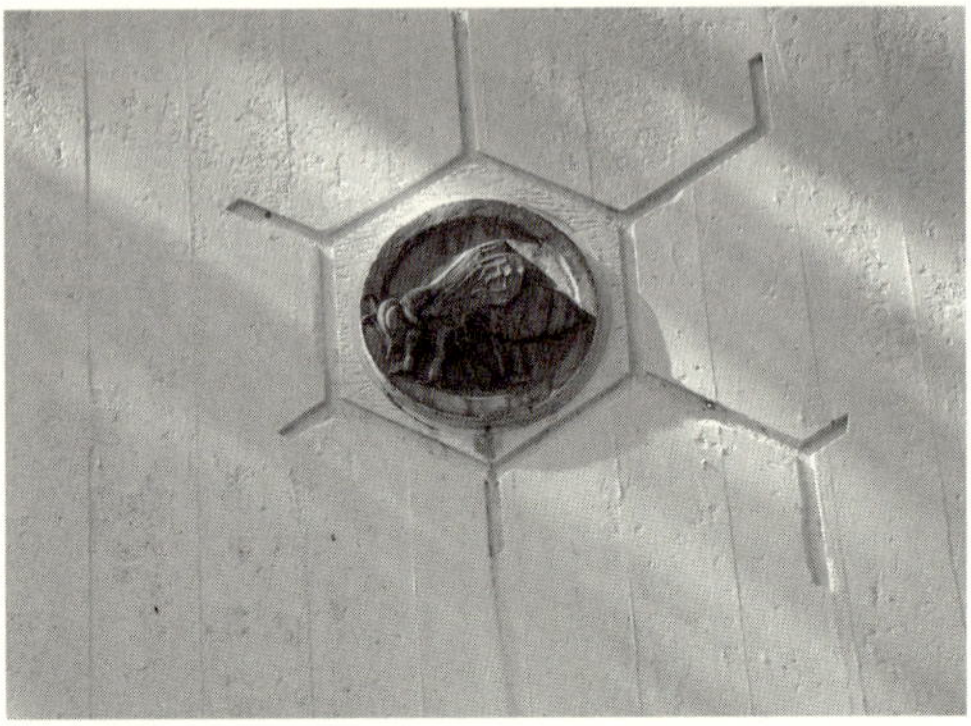
上部にある巣房の形とミツバチのレリーフ

そのために死んだミツバチを供養することをきっかけにしてこの碑が建てられた。腐蛆病は１９５６年には法定伝染病に指定されている。その後も毎年11月にはこの碑の前で岐阜県養蜂組合連合会による供養祭が催行されている。

所在地：岐阜市　岐阜公園近くの長良川河畔
交通：ＪＲ東海東海道本線「岐阜」駅・名古屋鉄道「岐阜」駅から長良橋方面バス「長良橋」下車。徒歩約10分

地蜂友好の碑

・岐阜県恵那市

食用にする昆虫と言えばイナゴやザザムシ、蚕の蛹などを思い浮かべるが、なかでもハチノコ（蜂の子）は美味なことで知られる。恵那市の串原地域自治区は特産品や観光資源をPRし交流人口を増加させることを地域の取り組み施策の一つとして挙げているが、その一つが「ヘボ」である。

ヘボと呼ばれるハチはスズメバチやアシナガバチなどではなく、クロスズメバチ（複数の種類がある）のことで、ハチノコはその幼虫や蛹を原料としている。美味なことに加え、屋外での採巣や飼育に技術や手間を要することも、その価値を高くしている。

このヘボの石碑が恵那市串原に建てられ除幕式が盛大に行われたのは２００５年9月23日のことである。ヘボの保護・増殖活動をはじめとして飼育技術の研究、ヘボ料理の開発・普及などの活動を熱心に行っ

立派な「地蜂友好の碑」
（撮影：河合省三氏）

ている「くしはらへボ愛好会」が発足12周年記念事業として全国でヘボが増えることを願い建てたものだ。高さは人の身長を大きく上回る立派なものである。正面に「地蜂《ヘボ》友好の碑」、その右側には「恵那市長可《か》知《ち》義明書」と彫られている。

「マレットハウス前」のバス停を降り、駐車場の向かいの市道サンホール線の脇に碑と木製の碑文がある。愛好会では毎年11月3日にヘボの巣コンテストを開催し、多くの愛好家が巣の大きさや出来栄えを競う。近くの店では「へボ五平餅」や「へボ釜飯」など、よそではなかなかお目にかかれぬ料理を味わうことができる。

肉を咥えて巣に戻る地蜂を追いかけるための目印
（撮影：河合省三氏）

所在地：岐阜県恵那市串原3111-4　マレットハウス前

交通：JR東海中央本線「恵那」駅から明知鉄道にのりかえ、「明智」駅まで。恵那市自主運行バス矢作《やはぎ》ダム線で「マレットハウス前」下車すぐ

ヒメハルゼミの碑

・岐阜県揖斐川町

西国三十三番「谷汲山《たにぐみさん》華厳寺」で知られる揖斐川町《いびがわちょう》谷汲はギフチョウの生息地として有名だが、ヒメハルゼミの生息地でもある。花長下《はながしも》神社はヒメハルゼミの生息地として岐阜県の天然記念物に指定された。

神社を訪ねると、鳥居の右手に記念碑が建つ。高さ150㎝、幅20㎝、奥行き13㎝ほどの石柱である。正面に「天然記念物ヒメハルゼミ発生地」、裏面に2行にわたって「指定昭和十三年十二月十二日　十三兵二一七三号」と読める。

花長下神社にあるヒメハルゼミの碑

隣には岐阜県教育委員会による指標がある。左側の谷汲村商工会の説明板には、「昭和十三年に谷汲村名礼《なれ》在住の平井賢吾さんが、ヒメハルゼミが生息していることを発見したことやセミの生態」が記されている。大きいとは言えない神社であるが、ここにしか生息していないそうだ。

「谷汲昆虫館」は町立の昆虫館で、正面広場にギフチョウの輝くオブジェが建つ。中には日本や世界の昆虫が展示されジオラマも設置されているが、特に力を入れているのがギフチョウとヒメハルゼミである。生態についての詳しい説明や展示があるのは、地元ならではのことだ。巨大なギフチョウ幼虫の模型もある。

　ここは廃線となった名古屋鉄道谷汲線終点の谷汲駅があった場所で、当時の電車が保存され、鉄道ファンによく知られた場所だという。

　ヒメハルゼミの碑がある花長下神社はわかりにくい場所なので、昆虫館など地元の人に尋ねるとよい。別の場所にある花長上神社と間違えないように注意する。

ヒメハルゼミとギフチョウの展示が充実した谷汲昆虫館

所在地：岐阜県揖斐郡揖斐川町谷汲名札字鷺坂848-1　花長下神社境内

交通：揖斐川電鉄「揖斐」駅から近鉄バスで「谷汲双門」下車、または樽見鉄道「谷汲口」駅から近鉄バスで「谷汲」下車、徒歩すぐで谷汲昆虫館。花長下神社はそこから約2㎞

蟻塚

・愛知県新城市

新城市の指定文化財である「蟻塚」

長篠の戦い（長篠設楽《したら》ヶ原の戦い）は、天正3年5月21日（1575年6月29日）に三河国長篠城（現・愛知県新城市長篠）をめぐる織田信長・徳川家康の連合軍と武田勝頼軍との有名な合戦で、武田軍が大敗を喫した。この合戦の戦死者を葬ったところ、おびただしい数のアリが出て村人を苦しめたので、それを封じるために建てられたのがこの「蟻封塔（蟻塚）」である。

長篠城駅前を左側の長篠城址方向に進み、右の国道151号線に出て左手に見える信号を右に入るとすぐそこに「蟻塚入り口」の道標が見える。それをたどると民家の庭に隣接して石碑が建っている。本体の高さは141cm、横幅は基部で28cm、最も広いところで58cm、奥行きは25cmほどある。これが横幅120cm、高さ28cmほどの礎石に載っている。正面には「蟻封塥」と大きく彫られ、左右の細かい字は読みづらいが、右側には「安永五丙申稔四月」とある。

碑のすぐ裏側には新城市教育委員会が設置した「新城市指定文化財」の看板があり、この石碑が「（史蹟）蟻塚」として昭和46年6月12日に指定を受けたことが記されている。

ここから歩いて10分ほどの場所にある曹洞宗医王寺（醫王寺）は武田勝頼が本陣を設置したところで、見せてもらった寺の記録に「蟻封塔」が１７７６年（安永5年）にここの第14世仙翁《せんのう》慧覚《えかく》によって開眼供養されたことが記されていた。境内には「武田勝頼公本陣跡」の石碑があり、10分ほど急な裏山を登ると頂上に砦があってそこから医王寺や長篠城の一帯を見下ろすことができる。

医王寺本堂と左手に建つ武田勝頼本陣跡の碑

所在地：愛知県新城市長篠広面字30
交通：ＪＲ東海飯田線「長篠城」駅から徒歩約15分

鈴虫万蟲塔

・京都市西京区

妙徳山華厳寺は臨済宗の寺院で、参拝者に四季を通じて鈴虫の鳴き声をわかりやすい法話とともに聞かせ「鈴虫寺」の通称で親しまれている。わらじを履いたお地蔵様が一つだけ願いを叶えてくれるという「幸福地蔵」でも有名で、シーズンには境内に入るのに長い時間並ぶこともあるが、早く行ったので開門とともに入ることができた。鈴虫の鳴き声に囲まれた説法のあとで奥の庭に建つ風格ある「鈴虫万蟲塔」を見る。なぜか虫と蟲の2種類の字が名前の中に並んでいる。

鈴虫万蟲塔

お寺では70年ほどの昔8代目住職が坐禅を組んでいるときに鈴虫の鳴く音を聞いて悟りを開いたことをきっかけにして、戦後の荒んだ人々の気持ちを和らげようと鈴虫を飼う研究を始めた。30年近くにわたる試行錯誤の末に、年間を通じて鈴虫を飼育することが可能となったという。10代目住職の桂紹寿《しょうじゅ》氏に話を伺ったところによると、8代目住職の悟りとは禅宗の「即今只今《そっこんしこん》」や良寛作とされる「花無心にして蝶を招き、蝶無心にして花を訪ぬ」に通じるものであるという。

「鈴虫万蟲塔」はそれまでに鳴かせる工夫をしてきた鈴虫を供養するためのもので、1961年から2年ごろに建立された。塔の近くには8代目住職が鈴虫飼育の研究を行った鈴虫小屋が残る。毎年6月4日には寺の関係者による鈴虫供養が行われている。妙音観世音菩薩像の前で供養を行い、死んで行った鈴虫を荼毘に付してその粉を塚に納め供養している。

鈴虫飼育の研究がされた鈴虫小屋

鈴虫の鳴き声に囲まれ説法が行われる講堂（写真提供：鈴虫寺）

所在地：京都市西京区松室地家町31
「鈴虫寺」境内
交通：阪急電鉄嵐山線「松尾大社」
駅から徒歩約15分

虫塚

・京都市右京区

念仏寺の虫塚

念仏寺は一般に化野《あだしの》を冠した「化野念仏寺」の呼称で親しまれている浄土宗の古刹で、空海が開基したと伝えられる。8月23～24日の地蔵盆に行われる千灯供養には多くの参詣者が訪れる。山門をくぐり、左側に回り込んだ明るい楓《かえで》の木立に「虫塚」が建っている。周囲の明るい雰囲気と言い、蛤《はまぐり》のような形と言い、親しみを感じさせる字体と言い見る人を穏やかな気持ちにさせてくれる虫塚である。

表には「虫塚」の2文字が彫られ、裏面に文字はない。目測では幅80㎝、高さ50㎝ほどの大きさで、塚の後ろが抉れているがそれも自然でよい。私が訪れた秋には虫塚の色、紅葉の落ち葉と苔の色の対比が美しかった。

寺で虫塚のいわれについて教えてもらった。嵯峨野は昔から日本人にもののあわれを感じさせる秋に鳴く虫の名所だと言われながら、それらの霊を弔う虫塚も供養する行事もなかった。そこで念仏寺の原弁雄氏と京都史談会の山本礼二氏が1962年6月に発願者となって虫塚の建立を発案した。

その後、檀家総代の岩佐与三市氏がまんだら川の一隅で見つけた蛤型のまぐろ石（変成岩の一種。ホルンフェルス）を虫塚とし、同年9月8日に除幕式が執り行われた。揮毫者は日本画家の堂本印象氏である。虫供養に訪れる人のために、前には卒塔婆を建てられるようになっている。

お寺と虫塚にお参りをしてから、奥にある素晴らしい竹林を巡って帰るとよい。

念仏寺への参道

所在地：京都市右京区嵯峨鳥居本化野町17　念仏寺境内

交通：京都嵯峨電鉄「嵐山」駅から徒歩30分

松虫塚

・大阪市阿倍野区

あべの筋と松虫通が交わる松虫交差点の近く、松虫通の歩道にやや張り出す形でエノキの大木がある。その根元近くに建っているのが「松虫塚」である。

街中の小さな公園のような一角を石柱が囲んでいて、その中にいくつもの石碑が並ぶ。富士山を縦長にしたような形の高さ１・６ｍ、幅０・８ｍほどの自然石に「松蟲塚」と彫られ、その左手のエノキの根元近くにある１・４ｍほどの古い石柱にも「松蟲塚」と刻まれている。右手にも大阪市が建てた「松虫塚」と彫られた１ｍほどの新しい石柱があり、側面には「この松虫塚は昔通りかかりの旅人が松虫の鳴く音に聞きいり、命絶えたことをあわれんで供養されたもの」と記されている。

表の道路から見える詳しい説明板「松虫塚の伝説」には「古来数々の伝説があり、この地が松虫（今の鈴虫）の音にまつわる風雅な詩情あふれる次のような物語が伝承されている」と記されている。

松虫塚

松虫塚と周りにある石碑

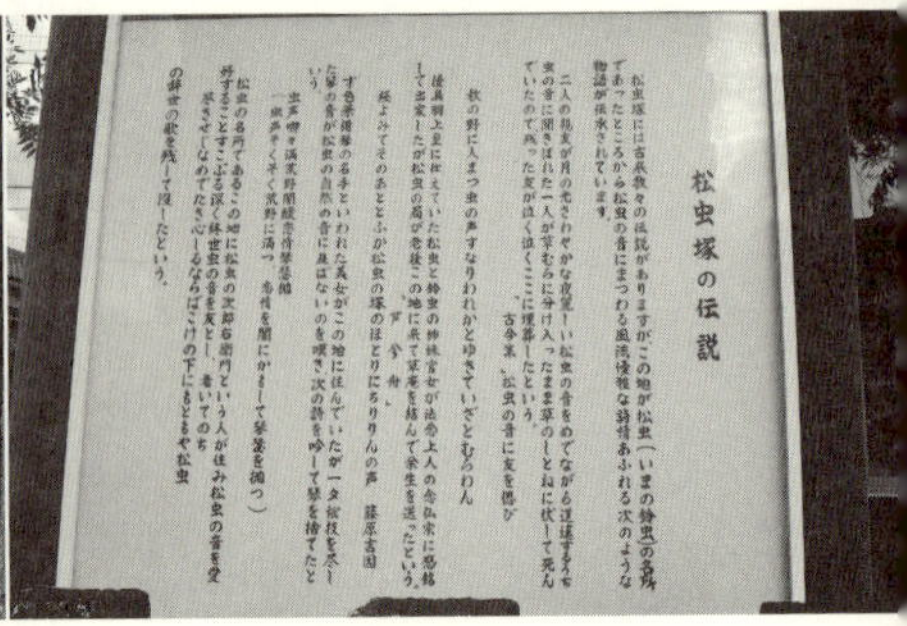

道路から読める説明板「松虫塚の伝説」

要約すると「二人の親友が月の光爽やかな夜、麗しい松虫の音を愛でながら逍遥するうち、虫の音に聞きほれた一人が草むらに分け入ったまま草のしとねに伏して死んでいたので、残った友が泣く泣くここに埋葬した」「後鳥羽上皇に仕えていた松虫、鈴虫の姉妹が出家したのち、松虫の局がここに庵を結んで余生を送った」といった内容である。

また、「奉納」と書かれた横に「松虫塚々域整備　昭和五十七年六月」と記された多くの人たちの名前が並ぶ碑板の反対側の由緒には、「昔は琴謡曲や舞楽などを修める人々の参詣で賑わったと伝えられていますが、近年は芸能全般、技術関係などすべての習いごとの修得を願う方たちから崇敬されています」と記されている。

松虫塚の奥にある黒い石板には古今集の「秋の野に人まつ虫の声すなり我かと行きていざとぶらはん」と彫られている。裏面には「世阿弥（１３６３〜１４４３）の作といわれる　謡曲「松虫」

マツムシ（撮影：大川秀雄氏）

近くの阪堺電気軌道「松虫駅」

は古今集のこの歌と松虫塚をもとにして作られた　昭和六十三年六月丸山連合町会建立」と味のある字体で刻まれる。このように「松虫」についてたくさんに解説があるのが特徴であろう。

敷地内の建物に「史跡松虫塚は大阪市有地で丸山連合町会が管理しています」と表示されている。近くには松虫駅があり、交差点の名前は松虫、通りの名前と地名は松虫通である。近くには松虫中学校があり、周りを歩くと松虫幼稚園や松虫の名前がついた建物や「まつむし」という店を目にする。松虫塚が建つ一角は綺麗に整えられており、関係する人たちが大切にしていることがうかがえる。

松虫交差点まで戻り、あべの筋を左折すると、日本で最も高い300mの超高層ビルあべのハルカスがある天王寺駅まではそれほど遠くない。

所在地：大阪市阿倍野区松虫通1-11　松虫交差点近く
交通：阪堺電気軌道「松虫」駅から徒歩約5分　大阪市営地下鉄御堂筋線「昭和町」駅から徒歩約10分

虫塚

・大阪府茨木市

自由な校風で知られる大阪府立茨木高校の校庭にあるこの「虫塚」は２０１１年10月に茨虫会創立75周年を記念し建立された。「茨虫会」は茨木中学、三島野高校、茨木高校の歴史の中で長く続いた昆蟲趣味の会と、茨木高校昆虫研究部のＯＢたちで構成される１２０名余を擁する会である。

虫塚には蝶が翅を休めている形をした花崗岩の一種能勢《のせ》石の自然石が選ばれ、正面に「虫」の一文字が彫られている。横幅１２０cm、縦57cm、奥行き20cmほどの大きさである。同校の卒業生である椎原毅氏が設計、同じく卒業生の藤本重廣氏が揮毫した。建立時に「玉蟬」が埋められている。「玉蟬」とは玉でできた蟬形の中国の彫り物で、蟬が長い期間を幼虫として地中で過ごし、成虫が蘇るように地上に姿を現すことから、中国では高貴な人の埋葬に再生の願いをこめ、口の中に含ませたり、手に握らせたりして副葬された。

周囲をよく手入れされた庭の一角にある虫塚の横には、研究材料や趣味のために採集した多くの昆虫たちの霊を慰め、感謝の意を表するためのものであることを記した銘板が設置されている。碑の「虫」の字は黒く見えるが、彫ることで自然に生じた色合いである。建立は新しいのに風格を感じさせる。

同校は「日本近代水泳発祥之地」と称され、その記念碑も校門寄りにある。在校中だった川端康成や大宅壮一もプールをつくる作業に携わったという。近くに川端康成の手で「以文会友」と記された石碑も建つ。

茨木高校の校庭にある虫塚

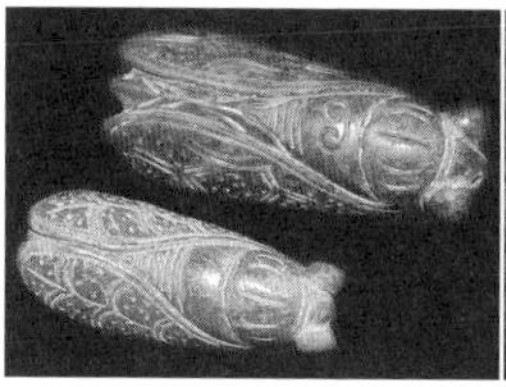

建立時に埋められた玉蟬
（撮影：藤本重廣氏）

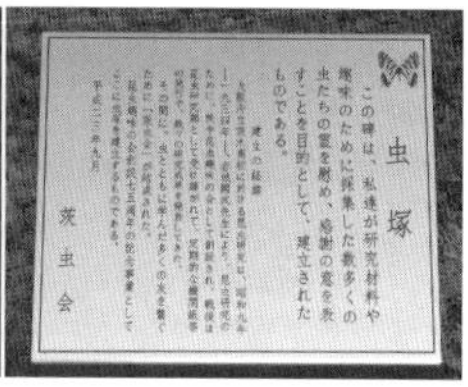

説明板

所在地：大阪府茨木市新庄町12－1　大阪府立茨木高校の校庭

交通：JR東海道本線「茨木」駅、または阪急電鉄「茨木市」駅から徒歩約10分

虫塚

・大阪府箕面市

箕面《みのお》駅から「滝道」を右手に登ると真言宗「箕面山　聖天宮《しょうてんぐう》　西江寺《さいこうじ》」がある。本堂正面の階段を下った境内の一角に風格のある「虫塚（蟲塚）」が建つ。

高さ85㎝、幅70㎝、奥行き15㎝ほどの大きさである。裏面は「昭和廿三年建立　虫供養萬燈會」と読める。寺や箕面蟲供養万燈会の説明書には、今から１３００年以上の昔、行基菩薩が都大路や山野を行脚された折、壺を腰にさげて虫のなきがらを拾い集め供養したのが蟲供養の始めと記されている。栂尾《とがのお》の明恵《みょうえ》上人もこれに倣い、虫塚を建てて年々供養された。

虫塚の正面には行基菩薩に因んだ壺の形が象られ、そこに蟲塚の二文字が刻まれている。

明治時代に入ると歌僧の藤村叡運《えいうん》僧正が、なにわの文人、墨客、風流人たちに呼びかけ、虫供養を復興した。そののち堺の原光寺、寺町の万福寺を経て、１９３９年に関西の虫どころ箕面西江寺に移った。

行基菩薩の携えた虫壺の形がある西江寺の虫塚

この階段を登ると虫塚のある一角に出る

虫塚の文字は元法隆寺の管長佐伯定胤《さえきじょういん》（1867〜1952）の筆による。お寺からいただいた「蟲供養縁起」によれば、「蟲」とは昆虫のみならず、人を含む森羅万象を指している。

寺では毎年10月に虫供養を行う。茶会、花会、句会を開いたり、雅楽や邦楽を演奏したりして風雅な日を過ごすそうだ。尺八竹保流の創始者酒井竹保《ちくほ》は1956年「虫供養」を作曲した。戦前に西江寺の境内で大阪在住の文人や芸能人を集めた虫の声を聴く会で着想され、鳴く虫の音とはかなさを思い虫の命に祈りを捧げた曲である。

所在地：大阪府箕面市箕面2-5-27　西江寺境内
交通：阪急電鉄箕面線「箕面」駅から徒歩約5分

虫塚

・大阪府箕面市

箕面駅から箕面大滝に向かう「滝の道」、その左側の「箕面公園昆虫館」のすぐ手前左側に「虫塚」がある。しかし、これは昆虫館が建てたものではないという。

「虫塚」は高さ120㎝、横幅160㎝ほどの大きさがあり、研磨された正面の中心には「虫」の一文字、それをカブトムシ、ミヤマクワガタ、カミキリムシ、マイマイカブリ、ギフチョウ、オオムラサキ、シモフリスズメ、ギンヤンマ、ハグロトンボ、コガネムシ、アブラゼミ、オオゾウムシ、スズメバチと思われる昆虫たちが取り囲んでいる。多くの昆虫の姿が並んだ虫塚は珍しい。碑の裏面の記述によると、1975年4月に建立されたものである。

虫塚の裏面には「遠い遠い昔から日本にすみかを定めこの箕面にも舞い遊び、自然を飾り続けた蝶と虫……それが今消え去ろうとしている。その美しい姿が元の昔に帰る日を想いとび去った虫や蝶に限りない感謝と思いを捧げて、ここに虫塚を建立しました。お世話になりました方々には、深く敬意を表します」、建立者は奥原六郎、奥原東久子、題字は箕面市長中井武兵衛と書かれている。

建立者の一人奥原東久子さんは、虫好きの人たちが集まっていた「蝶のお宿」、料理旅館津乃村の経営者で「蝶のおばさん」と呼ばれた人なのだろうか。

虫塚には標本のような昆虫の姿がある

すぐ近くにある箕面公園昆虫館

「箕面公園昆虫館」入り口のからくり時計からは毎正時に昆虫に因んだ「ぶんぶんぶん」など5曲が続けて流れる。昆虫館には標本の展示コーナーのほか、花と緑のなかで蝶が舞う「放蝶園」がある。

所在地：大阪府箕面市箕面公園　箕面公園昆虫館のすぐ横
交通：阪急電鉄箕面線「箕面」駅から徒歩約15分

とんぼ塚

・兵庫県赤穂市

赤穂市有年原《うねはら》にある有年原・田中遺跡公園の近くに六角石柱の「とんぼづか」があるが、いつ建立されたものかは不明である。高さはおよそ70㎝、径は16㎝ほどで、石柱の天面には文字か人の顔のようでもあり、模様のようにも見えるものが彫られているが、何を意味しているのかはわからない。

かつて石柱の横に立っていた木製の説明杭には、昭和初めごろ直径４ｍ、高さ１ｍほど土が盛り上がった「とんぼ塚」があったと記されていたが、今ではその杭は失われ、土が盛り上がった部分もなくなって石柱一つが残っているだけである。

赤穂市には「とんぼ塚」について次のような昔話が伝わっている。

「稲穂が黄金に色づくとき、どこからともなくトンボが一匹、また一匹と飛んできて小さな古墳の上で何百匹、何千匹と輪を描いていたが、やがて一匹のトンボが古墳の中に消えたのに続いてすべてのトンボが中に入って行った。毎年このようなことが続くことからここは『とんぼ塚』と呼ばれるようになった。

しかし、繰り返される川の氾濫とともに『とんぼ塚』は次第に小さくなり古墳が流されてから飛んでくるトンボの数も少なくなった。」

この昔話で古墳の中に消えていくトンボの行動は実際の生態と異なってはいるが、とても興味深い言い伝えである。

所在地：兵庫県赤穂市有年原1090番地　有年原・田中遺跡公園近く
交通：JR西日本山陽本線「有年」駅から徒歩約20分

今は平たくなったとんぼ塚の跡

とんぼ塚の不思議な天面（撮影：渡瀬学氏）

蟻無山古墳

・兵庫県赤穂市

蟻無山《ありなしやま》古墳群は千種川を眼下に望む丘陵の上にある。5世紀ごろに築かれた1号墳と、その後に築かれた2号墳、3号墳を合わせて蟻無山古墳群を形成している。最も大きい1号墳は「造出し付き帆立貝形古墳」と呼ばれる形をしており、その重要性から1975年3月18日に兵庫県指定文化財に指定された。2号墳は直径10mの円墳、3号墳は直径8mの円墳と考えられている。

古墳は直接昆虫を祀ったものではないが、「蟻無山」という名前の由来が昆虫に関係している。名前の由来について地元には次のような昔話が伝わっている。

「1600年ほどの昔、有年《うね》に住む豪族が亡くなりそのお墓を作るために村人が働かされていた。重い石を背負って運んでいた村人の一人が道を横切っているアリの列を踏まないように気をつけた拍子に倒れてしまい、作業を監督していた役人から鞭で叩かれることになった。アリたちはこの役人を噛んだが、その夜に相談して優しい村人が鞭で叩かれる姿を見たくないと別の山へと移動した。それからというものはこの山にはアリが住まなくなって、蟻無山と呼ばれるようになった。」

赤穂市立有年考古館は、地元の眼科医松岡秀夫氏によって１９５０年10月に設立されて60年後の２０１１年に閉鎖された「日本一小さな考古館」の有年考古館が、寄贈を受けた赤穂市によって同年５月にリニューアルオープンした博物館である。中には蟻無山古墳をはじめ、主に旧赤穂郡内（赤穂市、相生市、上郡町）から出土した考古資料や民俗資料が多数展示されている。

所在地：兵庫県赤穂市有年原
交通：ＪＲ西日本山陽本線「有年」駅から徒歩約20分

蟻無山古墳の登り口

近くにある赤穂市立有年考古館
（撮影：渡瀬学氏）

蟻の宮・蚕の宮

・兵庫県丹波市

高座《たかくら》神社は1800年以上昔に第14代仲哀天皇がお祀りになられた歴史ある古社で、別名を「蟻の宮」と呼ぶ。道路から神社に向かう右に「延喜式内　高座神社」、左に「蟻の宮　蚕の宮」と記された2本の石柱がある。その先の鳥居右横の石垣下に「蟻乃宮」と彫られた石碑が建っている。1936年に建立された高さ152㎝、幅82㎝、奥行87㎝ほどある大きなものである。

高座神社の本殿（写真提供：高座神社）

「蟻の宮」の名前の由来は「高座神社由緒略記」に詳しい。それによると大昔干ばつの年に雨乞いの祈願をしていた村民が、蟻が社殿から這い出して列をつくっているのに気づき、列が消えるくぼみを掘り返したところ清水がコンコンと湧き出た。その水を田に引くことで稲の豊作を迎えることができたので、水路に水神様の祠をつくって感謝し、お祭りを続けている。蟻はたくさんの子供を産むので、子宝に恵まれる「子授け神社」として多くの人々が参拝に訪れる。

五つある境内社の一つ馬鳴《ばなり》神社は「蚕の宮」と呼ばれている。鳥居の左側の本殿に向かう階段に左下に「蚕乃宮」と書かれた風格ある石碑には蚕の繭が左右に象られている。この石碑も同じ１９３６年の建立で高さ95㎝、幅１５８㎝、奥行33㎝ほどの横長の形をしている。ご祭神は食べ物の神様である「保食神《うけもちのかみ》」で、蚕の神でもある。このあたりは昔から荒れた土地で稲作に不適であったが、「養蚕を始めよ。守護する神は保食神なり」との神のお告げで養蚕が広く行われるようになった。その結果、当地方は養蚕の地として発展した。神社には蚕の守護神を祀る社としてばかりではなく、五穀豊穣、諸業繁栄、延命長寿、無病息災の社として多くの人が参拝に訪れる。

長野県岡谷市の照光寺にある蚕霊供養塔のご本尊の馬鳴菩薩《めみょうぼさつ》像と、同じ字でありながら、読み方が異なる

神社内にある蟻の宮の石碑
（写真提供：相坂耕作氏）

神社内にある蚕の宮の石碑
（写真提供：相坂耕作氏）

のは面白い。

本殿から少し離れた山裾にある境内社の一つ水神社《すい》（正式の名前は「龍王水神社」）の前には、かつて社殿から這い出して列をつくっている蟻の列が消えるくぼみを掘り返して清水がコンコンと湧きだしたと伝えられる小さな池もある。本殿からこの龍王水神社へは距離があることもあり、これまでは歴代の宮司が一人でお祀りを続けてきたが、現在本殿からここに至る脇参道の整備が進められているそうで、完成すれば氏子をはじめ一般の参拝者も訪れて「高座神社（蟻の宮）」の原点に接することができるようになるという。

本殿前の右側に阿形（口を開けた形）、吽形（口を閉じた形）の一対の狛犬が鎮座し、吽形の狛犬は3頭の子供を連れている。あわせてお参りしたい。なお、丹波市には山南町にも同名の高座神社があるので、間違えないように注意が必要である。

龍王水神社と清水が湧きだす池
（写真提供：高座神社）

所在地：兵庫県丹波市青垣町東芦田2283
交通：JR西日本福知山線「石生」駅から神姫グリーンバスで「東芦田口」下車、徒歩約10分

虫塚

・奈良県橿原市

久米寺は真言宗御室《おむろ》派の寺院で、聖徳太子の弟である来目皇子《くめおうじ》の創建と伝わり、よく知られる伝説上の久米仙人とかかわりがあるという。左右に仁王像がある山門をくぐり重要文化財の「多宝塔」を左手に見て本堂から右手に進むと木立に囲まれた大きな石碑が見えてくる。それが「虫塚」である。

本体は安山岩製で、そこにはめこまれた斑糲《はんれい》岩のような黒い石の表面には大きく「虫塚」の二文字と奥野誠亮書と彫られ、裏面には「昭和58年7月吉日　施主奈良県毒劇物取扱者協会　協賛奈良県医薬品小売商業組合」と記されている。

この「虫塚」を取り囲むようにして、いくつもの団体や防疫用の薬剤を販売している会社の名前が記された多くの石板や石柱が建てられている。

久米寺にある虫塚

そのうち平成13年7月の顕彰碑には、昭和57年7月奈良県毒物劇物取扱者協会20周年記念に薬物によって影響を受けた虫霊の法要を毒劇物取扱者が久米寺で営んだ機会に虫塚建立の機運が高まり、1年近い経過を経て昭和58年7月8日に完成、建立開眼法要が行われ、毎年紫陽花咲くころに虫霊法要が営まれていると書かれている。

左右に仁王像がある久米寺の山門

奈良県植物防疫協会、奈良県農薬安全指導者協議会などの名前も見えることから、衛生害虫ばかりでなく農業害虫も広く慰霊するためのものなのだろう。

その後も毎年6月中下旬には「奈良県虫霊奉賛会」の主催により、碑の前で供養祭が執り行われている。

所在地：奈良県橿原市久米町　久米寺境内
交通：近畿日本鉄道南大阪線・吉野線「橿原神宮前」駅西改札口から徒歩約10分

蜜蜂群供養之碑

・和歌山県海南市

和歌山県は養蜂が盛んなところである。弘法大師が開基といわれる海南市の岩屋山金剛寿院福勝寺の本堂裏の見晴らしのよい場所に、和歌山県養蜂組合海草海南支部が建立した蜜蜂の供養碑がある。正面に「蜜蜂群供養之碑」、向かって左側面には「平成二年三月八日建立　海草海南養蜂組合」と彫られている。蜜蜂の供養碑を建てたいという以前からの強い思いがこの日に実現した。

建立当日は地元から採取された青石でできたこの碑の前で、高野山からの僧侶を招いて地元の養蜂家の参加のもと供養祭が執り行われた。その後も蜜蜂への感謝と途中で死に至った蜜蜂の慰霊のため「ミツバチの日」である毎年3月8日に供養祭を続けている。

所在地：和歌山県海南市下津町橘本1065
福勝寺境内
交通：JR西日本紀勢本線「加茂郷」駅から徒歩約50分。車で約15分

蜜蜂群供養之碑

本堂近くにある高さ20mほどの「裏見の滝」

しろあり供養塔

・和歌山県高野町

標高９００メートルを超え夏でも朝晩は涼しい山上に弘法大師空海が開いた真言宗の寺がある高野山、空海が平安初期に開創以来１２００年を超える山岳霊場である。空海の御廟がある奥の院への参道の両側には約20万基の墓が並び、皇族や織田信長、上杉謙信など歴史上の人物から現代の企業関係者、一般の方々に至るまでの墓所もある。その表参道の脇にシロアリの供養碑がある。

しろあり供養塔（撮影：渡瀬学氏）

供養碑（しろあり供養塔）の正面には「しろありやすらかにねむれ　社団法人日本しろあり対策協会」と大きく彫られ、手前には「社団法人日本しろあり対策協会」と刻まれた石柱が建っている。供養碑の台石は北木石《きたぎいし》の乱積、その上に花崗岩のダイヤモンドとも言われる庵治石中目石《あじいしなかめいし》にアフリカの黒御影石（花崗岩）がはめこんである。供養碑の高さは１・７ｍ（礎石を含めると２・３ｍ）ほどある。

供養祭の様子（2015年）（写真提供：日本しろあり対策協会）

供養碑を建立した「日本しろあり対策協会」は、建築物や工作物などをシロアリと木材腐朽菌による被害から守ることによって長期の耐久性と安全性を確保し、あわせて木材資源の有効利用によって国民生活の向上と地球環境保全に寄与することを第一義として活動を行っている公益社団法人である。「しろあり供養塔」は、同協会が１９６８年９月に社団法人に発展改組したのを機に、人間の生活と相容れないために駆除されたシロアリを供養する碑を記念事業として建立することを決め、１９７１年に完成した。当初はシロアリの供養のみを行っていたが、１９７６年からはシロアリ防除に携わってきた功労者（しろあり関係物故者）も合祀するようになった。毎年９月には「しろあり供養並びにしろあり関係物故者慰霊碑合祀祭」が、同協会によって執り行われている。

シロアリは「アリ」と名前がつけられてはいるが、アリがハチ目・アリ科であるのに対し、シロアリ目・シロアリ科でゴキブリに近いとされる社会性の昆虫である。アリが卵→幼虫→蛹→成虫と姿を変えながら成長する完全変態であるのに対し、シロアリは幼虫と成虫がほぼ同じ姿で蛹のステージがない不完全変態である。形態的にも①シロアリは触覚が数珠状の直線だが、アリは「くの字」状をしている、②翅の形がシロアリは4枚とも同じ大きさだが、アリは前後の翅で大きさが違う、③シロアリは胴体にくびれがなく、アリにはくびれがあるなどの違いがある。

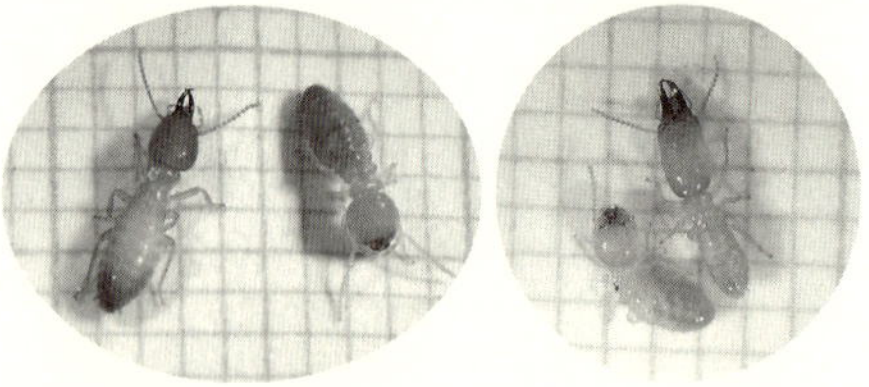
日本を代表するシロアリ２種（左：イエシロアリ　右：ヤマトシロアリ）（写真提供：日本しろあり対策協会）

シロアリは、本来ほとんど目にすることがないため、知らない間に大切な建物を食害されることがあり駆除の対象とされるが、自然界においては枯木や落葉などの分解者として生態系の維持に重要な役割を果たしている。

シロアリを供養するために建立された「しろあり供養塔」の前で手を合わせることも、霊験あらたかな高野山での思い出に一役買うのではないか。さらにこの参道の奥へ進んで、奥の院でいまだ修行されていると言われている弘法大師の御廟にお参りすると、心が洗われるような気持ちになる。

所在地：和歌山県伊都郡高野町高野山
交通：南海電鉄高野線「極楽橋」下車、高野山ケーブルに乗り換えて「高野山」駅へ、「高野山」駅からバス約18分「奥の院前」下車（終点）徒歩約2分

虫塚　・岡山県倉敷市

朝原山《あさはらさん》安養寺は７８２年（延暦元年）に高僧報恩大師（?～７９５）が国家祈願の寺として開山したされる。

天王池の横を回って山門をくぐると毘沙門堂がある。左手の急な三十三観音厄除け坂を登ると右手に「羅教堂」があり、その向かい側に「虫塚」が建っている。

中に大きな数珠が下がる安養寺の羅教堂

「虫塚」は左側の高さが62cm、右側が73cm、横幅は基部で１４０cm、上部で１３０cmあり、奥行きは60cmほどの安定した四角い形である。正面には右側から「虫塚」の二文字が、裏面の下には「昭和五十六年五月吉日　児島霊場巡拝満願記念　協賛安養寺　施主倉敷芙蓉俳句会同行一同」と刻まれている。俳句の「芙蓉会」が倉敷近辺の児島八十八ケ所霊場を吟行先に選び１９８０年（昭和

俳句の会が建てた虫塚

55年）の満願成就を記念して建てられた。芙蓉会代表の重井しげ子さんは「しげい病院」初代院長重井博博士のご母堂で、重井博氏は自然や生き物を愛した倉敷昆虫館の創設者である。

羅教堂には大きな数珠が天井から下がり、手繰ってお参りをすると少し遅れて大きな音を立てる。

倉敷市には美観《びかん》地区から遠くないところに倉敷市立自然史博物館（倉敷市中央2・6・1）としげい病院の1階の倉敷昆虫館（倉敷市幸町2・30）がある。ともに岡山県産をはじめとするたくさんの昆虫がわかりやすく展示されているので、ぜひ見学したい。

所在地：岡山県倉敷市浅原1573番地　安養寺境内

交通：JR西日本伯備線「清音」駅から徒歩約50分

倉敷市立自然史博物館２階にある展示室「昆虫の世界」

しげい病院内にある倉敷昆虫館

蚕霊之碑

・岡山県和気町

ＪＲ山陽本線の和気《わけ》駅を出て正面に見えるのが和気富士と呼ばれる城山である。その南斜面の山裾に大きな「蚕霊《さんれい》之碑」がある。自然石に文字が彫られているが上半分は植物に覆われていて全部の文字は見えない。大きさは縦横とも８ｍほどあるらしい。主文「蚕霊之碑」の下に「岡村甚平謹書」、右に「昭和九年四月建立」、左に「発起者　和氣郡繭賣買業組合」と彫られ、さらにその左には土地寄付者として３人の名前が、世話人として７人の名前が刻まれている。

大きな蚕霊之碑の前の筆者

　道路から石段を登ると、碑の前に屋根のついた白い香炉台があり、「報蚕會　昭和九年五月吉日　竹内王」と記されているので建立の一月遅れで寄進されたのだろう。二つの蚕の繭が交差した意匠は報蚕会の紋なのだろうか。

岡山県の和気郡は養蚕が盛んだったところである。群馬県の養蚕改良高山社から明治末期に技術を導入し、農家の副業として養蚕が行われた。１９２９年の世界恐慌を境にして減少に転じたが、この碑はピークを少し過ぎたころに建立されている。

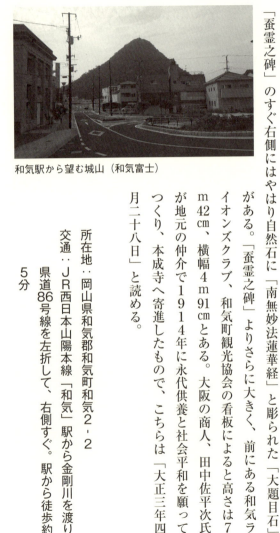

「蚕霊之碑」のすぐ右側にはやはり自然石に「南無妙法蓮華経」と彫られた「大題目石」がある。「蚕霊之碑」よりさらに大きく、前にある和気ライオンズクラブ、和気町観光協会の看板によると高さは７ｍ42㎝、横幅４ｍ91㎝とある。大阪の商人、田中佐平次氏が地元の仲介で１９１４年に永代供養と社会平和を願ってつくり、本成寺へ寄進したもので、こちらは「大正三年四月二十八日」と読める。

和気駅から望む城山（和気富士）

所在地：岡山県和気郡和気町和気2-2
交通：ＪＲ西日本山陽本線「和気」駅から金剛川を渡り県道86号線を左折して、右側すぐ。駅から徒歩約5分

昆虫碑

・福岡県北九州市

西日本に主に分布するヤノトラカミキリは、クワの害虫として知られるトラカミキリ（トラフカミキリ）に比べると色の濃い部分が大きく勝った外観をしたカミキリムシである。

北九州市の皿倉山（標高６２２ｍ）は放送用の鉄塔が立ち並んで麓からもよく目立つ山で、新日本三大夜景に選ばれたように夜景が素晴らしいことでも知られる。その山頂付近にヤノトラカミキリの「昆虫碑」がある。碑は臼のように切れ込みのある形をした下部と台形をした上部からなり、下の部分には「昆虫碑」という文字のほかに「昭和54年9月吉日建立　国際ロータリー創立75周年記念　国際児童年記念　八幡中央ロータリークラブ北九州昆虫趣味の会」と記されている。上部にはヤノトラカミキ

皿倉山の昆虫碑と眼下の市街地
（撮影：花見正昌氏）

リの姿が中央部にデザインされている。

裏に回ると基礎部分には北九州市立大場小学校（当時）6年生の中美代子さんが書いた「天使の蝶」という題の詩が彫られている。

昆虫碑の説明板（撮影：花見正昌氏）

上部の裏にはヤノトラカミキリの題で「明治16年に北九州市に生まれ、後に日本昆虫学会会長矢野宗幹先生の功績をたたえ、その名に因み付された名前である」ことが記されている。

昆虫碑の右手には「自然や生物に対する畏敬と愛情をはぐくみ、心豊かなやさしい人間性の回復を願って建立した」と記した「北九州市直方営林署　帆柱自然公園愛護会」連名の説明板が設置されている。

所在地：福岡県北九州市八幡東区　皿倉山山頂付近
交通：JR九州鹿児島本線「八幡」駅からシャトルバスで皿倉山ケーブルカー「山麓駅」に、
帆柱ケーブル「山上駅」で乗り継ぎスロープカーで「展望台」駅まで。そこからすぐ

トラフカミキリ

ヤノトラカミキリ
（標本提供：花見正昌氏）

昆虫塔

・福岡県久留米市

高良山《こうらさん》（標高３１２ｍ）の中腹にある筑後国一の宮「高良大社」の本殿下の参道に「昆虫塔」が建っている。久留米昆虫同好会が10周年の記念行事として企画し、久留米の学校用の理科学器具の販売会社誠教社（現・株式会社ユーエスアイ）の奥永社長が同会に寄付したもので、１９６１年10月に除幕式が行われた。

右の側面基部には「世話　久留米昆虫同好会　建立　株式会社誠教社社長奥永伊之助　設計　坂下久実　昭和36年10月建立」と書かれている。横に「昆虫塔」「御井《みい》校区まちづくり振興会」と書かれた杭も建つ。

塔の正面には大きなナガサキアゲハのオブジェが飾られている。ナガサキアゲハ *Papilio memnon* は東南アジアから日本にかけて分布する大型のアゲハチョウで、成虫の前翅の長

ナガサキアゲハの昆虫塔
（撮影：口木文孝氏）

さは60～80㎜ほどあり、日本のチョウでは最大級である。

斑紋や翅型の変異が大きいのでマニアによる研究の対象になっている。多くの亜種と変異（型）に分けられるが、日本に分布するのは亜種 *P.m.thunbergi* である。高良山で *P.m.thunbergi ab. korasana* と名づけられた異常型が採集されたので、これが昆虫塔のナガサキアゲハのデザインになっているようだ。

所在地：福岡県久留米市御井町　高良大社参道

交通：ＪＲ九州久大本線「久留米大学前」駅からタクシー約15分、または徒歩約50分

高良大社（撮影：口木文孝氏）

交尾中のナガサキアゲハ

虫供養塔

・佐賀市

このよく知られた虫供養塔は方形の基礎石上に建てられた高さ2・2m、幅0・51～0・56m、厚さ0・3～0・36mの短冊形をしていて、1685年（貞享2年）に建立されたものである。建立の時代が明確にわかっている供養塔では最も古いとされる。1980年3月1日に佐賀市重要有形民俗文化財に指定された。

記録が残るものでは一番古い虫供養塔
（撮影：口木文孝氏）

正面中央の碑文には「謹奉漸読大乗妙典壱万部」と大書され、文献によると右に年代、左に「為五穀満田虫供養成就」とあり、下に供養者の名前が列記され、側面や裏面には天保2年（1831年）に追志供養としたことなどが記されているそうだが、風化や地衣類の付着などによって正面の大きな文字を除くと判読することが難しい。

供養塔の説明板（撮影：口木文孝氏）

左手横には説明板が設置されており、そこには「虫供養塔は江戸時代全国的に行われた五穀豊穣の願いと、水田に発生し駆除した害虫の霊を鎮めるため、農民の素朴な祈りの祀り行事のなかで建立された供養塔である。

肥前聞書にも『毎年六月に虫供養風祭と申す事有之、其の入用高は相定り居候て、年貢の内より兼て取分被置候』とあり、県内においても虫供養が催されていたことが知られ、この塔は、当時の信仰習俗を知るうえで、県内唯一の虫供養塔として極めて貴重である」と記されている。

所在地：佐賀市嘉瀬町大字扇町
交通：ＪＲ九州長崎本線「佐賀」駅からバスで「扇町」バス停まで約20分。そこから徒歩約５分

司蝗神

・佐賀市

祠型をした高さ30㎝ほどの小さな石碑で、正面中央に「司蝗神《つかさどるいなごかみ》」、右側面には「寛政四年（1792年）壬子仲冬吉日」、反対側に「村中敬立宮司文珠寺」と彫られている。末永一《はじめ》氏（1985）は、わが国では病害虫が発生しないようにあるいは発生したときの駆除などが祈念されるが、中国では害虫を防圧したり統御するために神が祀られるので、中国に近い九州では「司蝗神」が信仰されたのではないかと述べている。

一帯はこの地域を支配した豪族高太郎丸、小太郎丸の跡地で、多くの石碑が纏められている。末永によると「司蝗神」は大字高太郎の水田地帯の竹藪塚の中にあったそうだ。

所在地：佐賀市西与賀町大字高太郎

交通：ＪＲ九州長崎本線「佐賀」駅からバスで「ブルースタジアム前」まで約20分。そこから徒歩約15分

司蝗神（撮影：口木文孝氏）

近くに並ぶ多数の石碑（撮影：口木文孝氏）

蚕霊神祠

・佐賀県多久市

「蠶靈《さんれい》（蚕霊）神祠」は1933年（昭和8年）10月に若宮八幡宮（現・多久《たく》八幡神社）の境内に建立されたものである。繭の形が正面最上部と扉状の部分の左右裏に彫られている。神社にはこのほかにも砲弾型など多数の石碑がある。

横の説明板によると、この碑は低迷化していく蚕産業の再興を祈願し、小城郡養蚕業の中心地であったこの地に建立された。寄進者は南多久村（現・多久市南多久町）、久保泉村（現・佐賀市久保泉町）、熊本県本郷村（現天草郡御所浦町）に居住する片倉製糸株式会社および郡是《ぐんぜ》製糸工場の出張員4名である。表題の字は佐賀・松原神社社司（現・宮司）の従六位鶴清気氏による。

所在地：佐賀県多久市多久町1758-5　多久八幡神社境内

交通：JR九州唐津線「多久」駅から車で10分

蚕霊神祠
（撮影：口木文孝氏）

石灯籠の間に建つ
（撮影：口木文孝氏）

一石一字塔

・大分市

杉木立ちに建つ一石一字塔

「一石一字塔」は大分市郊外の丹生《にゅう》（「にう」とも読む）神社にある虫塚である。この神社は「朱沙」で知られている。参道を進み鳥居の先の右手の坂を登ると原石「朱沙」が祀られている。由緒によると698年（文武2年）、豊後国丹生郷より朱沙を朝廷に献上していた地名を赤迫《あかさこ》といい、これが「丹生」の地名の起源といわれている。その原石の一つが丹生神社に据えられているのである。原石こそが丹生大明神の御神体ではないかとする説もある。大正・昭和初期ごろまでは原石を削って水に溶き眼病の薬としたといわれている。

少し先の杉木立の中に観音堂と、その横に「一石一字塔」が建っている。本体の高さは145㎝（肩までは138㎝）、横幅、奥行きとも30㎝で、90㎝幅の台座に据えられている。表面を苔が薄く覆い荘厳な雰囲気がある。

1719年（享保4年）に丹生の庄で稲に害虫類が大発生し、寺への寄進もままならない人々が臼杵月桂寺の和尚を招き、古くから丹生大明神御神幸社地である仮屋ケ鼻にその年「一石一字塔」を建立した。

五つの村の5人の村長が願主となり、駆除した害虫を供養するために醍醐経を一石に一字ずつ彫り込んで埋めたのである。お経の徳によって害虫類の被害がなくなることも願われた。現代のような害虫駆除の技術がなかった時代に人々が何に頼っていたかを知ることができる。碑の側面に判読しにくいが蝗虫、螌賊、螟蝗などの文字があるので、さまざまな害虫が発生したのだろう。1941年に社地が国に接収されたのに伴い、現在の場所に移された。

祀られている朱沙の原石

所在地：大分市大字佐野567番地　丹生神社境内
交通：JR九州日豊本線「大在」駅、または「坂ノ市」駅から車で約10分

ミバエ根絶記念碑

・鹿児島県奄美市

ウリミバエ・ミカンコミバエの根絶記念碑
（撮影：口木文孝氏）

鹿児島県農業開発総合センター大島支場の正面入り口右手の道路沿いに「奄美群島ミバエ根絶記念碑　鹿児島県知事土屋佳照書　ウリミバエ平成元年根絶、ミカンコミバエ昭和55年根絶」と記された石碑が建っている。ウリミバエやミカンコミバエは大正年間に南方から侵入したと思われる害虫で、ウリミバエはウリ類やパパイヤなどの果実に、ミカンコミバエはカンキツ類の果実に大きな被害を与えるので、本土への果実の持ち込みが禁止されていた。ウリミバエは放射線で不妊化した雄を大量に放ち、ミカンコミバエは誘引物質で雄を除去する方法によって長年かけて根絶したが、今後も侵入する危険があるため事業は継続されている。

所在地：鹿児島県奄美市浦上町７－１　鹿児島県農業開発総合センター大島支場入り口
交通：奄美空港からバスで「浦上農試前」まで約40分。そこから徒歩で約５分

ウリミバエ成虫
（撮影：梅谷献二氏）

ミカンコミバエ成虫
（撮影：梅谷献二氏）

ミバエ根絶記念碑

・沖縄県那覇市

沖縄県病害虫防除技術センターにウリミバエ大量増殖施設、不妊化施設、不妊虫放飼センターなどの建物が並ぶ。一角にある記念碑正面には「沖縄県ミバエ根絶記念碑」と「ミカンコミバエ　1986年2月　ウリミバエ　1993年10月」の文字が沖縄県知事大田昌秀の署名とともに彫られている。

碑の左奥には「沖縄県におけるミバエ類の分布拡大と根絶防除」の地図があり、群島別にウリミバエでは不妊虫放飼開始年月、根絶確認年月、防除面積が、ミカンコミバエでは防除開始と根絶確認の年月が記され、右側には「沖縄県ミバエ根絶防除の記録」の表題で8項目の記録とともに「平成5年（1993年）11月吉日　沖縄県特殊病害虫対策本部」と記されている。

ウリミバエは幼虫がキュウリ、ニガウリなどのウリ科植物、トマト、ナスなどのナス科植物などを加害する。日本では1919年に八重山群島での初発見から沖縄県の各島や鹿児島県の奄美大島などに分布を広げた。１９７２年に久米島で根絶実験事業を開始後１９８３年に専用施設が完成し、１９８７年に宮古群島、１９９０年に沖縄群島、１９９３年に八重山群島で根絶に成功した。放射線を照射した蛹から羽化した成虫を大量に空中散布し、次世代の発生を劇的に減らす。

ミカンコミバエはカンキツ類やモモなどの害虫で、オス成虫を強力に誘引する物質と少量の殺虫剤を含ませた小板を屋外に設置することによって根絶する。長い時間をかけたこれらの対策で沖縄産のたくさんの種類の農産物を日本全国で味わえるようになったのである。

ウリミバエの不妊化施設・大量増殖施設の外観（撮影：梶房典行氏）

沖縄県ミバエ根絶記念碑

所在地：沖縄県那覇市真地１２３番地　沖縄県病害虫防除技術センター
交通：那覇空港から車で約30分

ミバエ根絶之碑

・沖縄県石垣市

八重山群島で１９１９年にミバエ類の発生が確認されて以来、植物防疫法による農産物の移動の禁止や制限によって地域の農業振興に大きな妨げとなっていた。ミカンコミバエは誘引物質などによる雄除去法によって１９８６年２月に、ウリミバエは不妊化虫の放飼によって１９９３年10月に八重山群島から根絶された。

この碑は石垣島の県道87号線の脇にあり、正面に「八重山群島ミバエ根絶之碑」と衆議院議員山中貞則氏の名前が刻まれ、碑文には平成７年（１９９５年）２月吉日の日付とともに、この歴史的事業を後世に伝え八重山群島農業の飛躍的発展を祈念すると記されている。

所在地：沖縄県石垣市平得　中日本航空株式会社石垣運航所の門のすぐ横
交通：南《ぱい》ぬ島石垣空港から車で約10分

八重山群島ミバエ根絶之碑

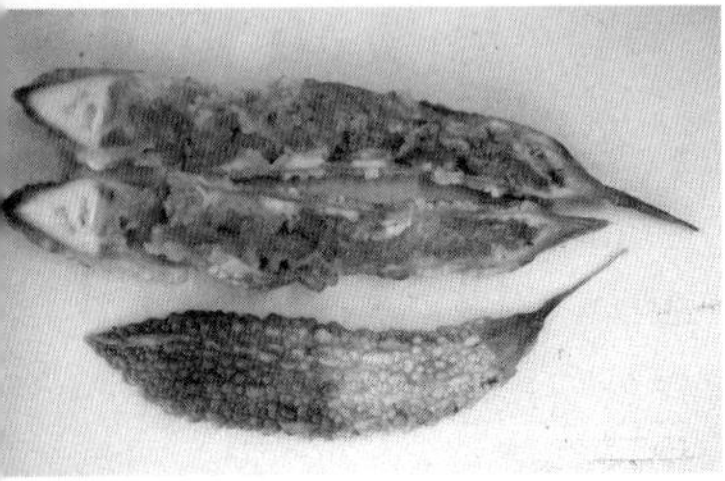
ウリミバエによるニガウリの被害（撮影：梅谷献二氏）

第2部

虫に関連する唱歌、童謡などの歌碑・句碑

「とんぼのめがね」の歌碑
（茨城県龍ヶ崎市）

◆歌碑・句碑採録にあたって

第2部では昆虫に関連する唱歌、童謡などの音楽や短歌の歌碑・句碑などをとりあげる。曲名が昆虫であるものだけではなく、歌詞の中の昆虫が曲のイメージに重要な役割を果たしている曲も含めた。

歌碑が設置されている場所は作詞者や作曲者の出身地、曲をつくった場所、あるいは半生を過ごした場所であることが多いが、童謡の歌碑をまとめた公園のような場合もある。

取り上げた30以上の歌碑のうちで、最も多いのは「赤とんぼ」である。童謡の歌碑全体の中では「夕焼け小焼け」に次ぐ数だとされている。

作詞者三木露風の出身地兵庫県たつの市には3か所、後半生を送った東京都三鷹市には2か所、作曲者山田耕筰の墓所がある東京都あきる野市に1か所、曲をつくった神奈川県茅ヶ崎市には3か所の歌碑や記念碑がある。茅ヶ崎市の高砂《たかすな》緑地に2016年7月に建てられたばかりの石碑には楽譜も歌詞もないが、目玉がくりくりした可愛いトンボが彫られている。ほかに長野市、茨城県龍ヶ崎市、埼玉県久喜市、訪ねることができなかったが和歌山県すさみ町にも建っている。

このようなことからトンボを取り上げた歌碑が最も多いが、どのような昆虫が対象になっているのか、短歌や俳句の碑を加えて曲名を記す。

トンボ：赤とんぼ、とんぼのめがね、野菊、正岡子規の俳句／チョウ：みどりのそよ風、子鹿のバンビ、春爛漫、田舎の四季、野崎小唄／カイコ：長野県歌「信濃の国」、田舎の四季、万葉集の短歌「新桑繭」／ホタル：夏は来ぬ、蛍川／コガネムシ：黄金虫／セミ：芭蕉の俳句／コオロギ：宮沢賢治の短歌／カンタン・バッタ：加藤楸邨の俳句／ハチ：はちと神さま／虫こぶ：梅原猛の俳句

デザインや石材も歌碑では重要である。供養碑は自然石の形を生かしているものが多いのと異なり、歌碑には曲のイメージに合わせて加工したり、楽譜や曲の作者の顔が添えられている場合も多い。それだけに色が落ちたり、剝げたり、木の枝が邪魔したりして見えづらくなっていると魅力が半減する。また石材の性質で表面が光り文字などが見えづらいともどかしい。

童謡の歌碑についてはこれまでに何冊もの立派な本が出ていて見るだけで楽しい。童謡は以前ほど歌われなくなっているし、今の時代にそぐわない歌詞のものもあるが、歌碑の前で歌っている人たちがいるのを見ると心が温まる。

「邯鄲や」の句碑

・岩手県平泉町

世界文化遺産に指定されている毛越寺と中尊寺の間に加藤楸邨《しゅうそん》の「邯鄲《かんたん》や」の句碑が建っている。平泉駅前から毛越寺に進み、右側の道路を登って行くと、「ウォーキングトレイル夢散策」の一部となり、句碑はその最も高いあたりにある。近くには毛越寺1710m、中尊寺1490mの表示がある。

木々に囲まれ「邯鄲やみちのおくなる一挽歌」と彫られた句碑は巨大な岩で、近くにある木製の杭には地上高295、幅517、重量約65tの文字が見える。杭の他の3面には、「楸邨句碑」の文字とこの俳句、「平成五年十月十一日中尊寺建碑」、「加藤楸邨　『寒雷』主宰　平成五年歿　八十八歳　もうひとつのみちのく」と記されている。

句碑の手前には中尊寺が設置した「句碑に添えて」という金属製の説明板があり、「もうひとつの　みちのく」という楸邨の一文が添えられている。彼の「達谷往来《たっこく》」という随筆に記された文章で、「みちのく」に寄せる思いが書かれている。カンタンは寿命の短さと美しい鳴き声で知られる昆虫で、その細々とした鳴き声を自分の心情に重ねているのである。なお、1918年に父親が一ノ関駅長として赴任し、楸邨（本名：健雄）も同年一関中学に入学していて、当地とゆかりのあることがわかる。

「ウォーキングトレイル夢散策」は、すぐに舗装道路から外れて山へと入る。「熊出没注意」の看板に設置された板を木槌で叩きながら進むと、やがて中尊寺に着く。

所在地：岩手県西磐井郡平泉町
交通：JR東日本東北本線「平泉」駅から毛越寺前を経由して徒歩約25分

木立の中に建つ「邯鄲や」の句碑と説明板

美しい声で鳴くカンタンの成虫
（撮影：大川秀雄氏）

「閑さや」の句碑

・山形市

奥の細道紀行で芭蕉が宝珠山立石寺（通称山寺）を訪れたのは、1689年7月13日（元禄2年5月27日）のことである。宿坊に一泊して、不朽の名句「閑さや岩にしみ入る蟬の声」を残した。

境内の山門近くには芭蕉のこの句の新旧2種類の句碑が建っている。根本中堂の横にある古い句碑は、門人たちが1853年（嘉永6年）に建てたもので、経年による摩耗のため字が読みにくくなっているが、「閑さや岩にしみ入蟬の声」と読める。

そこから山門に向かう左側の新しい句碑（筆塚）には謂れとともに「閑さや岩にしみ入る蟬の声」と記されている。

根本中堂の横の句碑と送り仮名が少し異なる。この句碑の左には1972年に建てられた旅姿の芭蕉像がある。右には芭蕉に随行した河合曽良の像もあって、これは奥の細道紀行三百年にあたる1989年に建てられたものである。この句の句碑は山寺のほかに各地に建てられている。

このセミの種類が何であるかについては、アブラゼミだとする斎藤茂吉と、ニイニイゼミだとする小宮豊隆の間での有名な論争がある。句がつくられた時期に斎藤茂吉は現地を訪れてアブラゼミが鳴いていることを確認したようだが、結局はニイニイゼミとすることを受け入れてそれに落ち着いた経緯がある。

しかしその後もこのセミが何であるかについて考察する人がいて、その結果ヒグラシではないかとする説もある。個人的にはヒグラシが句の雰囲気にふさわしいように思うのだがどうだろうか。

所在地：山形市山寺　立石寺境内
交通：ＪＲ東日本仙山線「山寺」駅から徒歩約７分

根本中堂横にある句碑

芭蕉翁と曽良の像と間にある句碑（筆塚）

「こおろぎなけり」の短歌碑　・福島市

御倉《おぐら》邸は福島市にある旧日本銀行福島支店長役宅である。門を入り右手の駐車場の奥に宮沢賢治の短歌碑が建っている。２００８年に「御倉町かいわいまちづくり協議会」が設置したもので「ただしばし群れとはなれて阿武隈の岸にきたればこほろぎなけり」という歌と、宮沢賢治が山形県に会合で赴く途中で下車し、阿武隈川を見るためにこの辺りに来て詠んだ歌であることが記されている。風格ある建物を見学し、歌碑を見たあとに庭から堤に降り立つと、豊かな水をたたえた阿武隈川が流れている。

福島駅東口前には、名誉市民である小関裕而のモニュメントがあり、毎正時には彼のつくった曲が流れる。

所在地：福島市御倉町１－78　御倉邸
交通：ＪＲ東北新幹線「福島」駅から約１㎞。徒歩約15分

御倉邸近くから見る阿武隈川

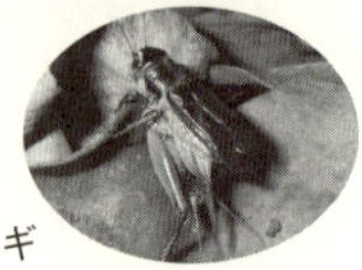

エンマコオロギ

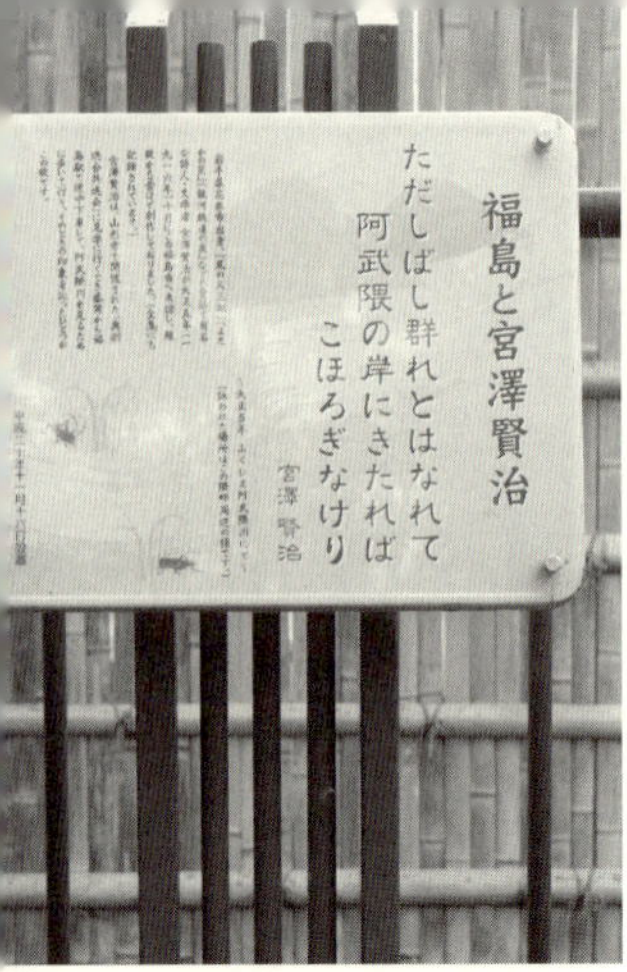

御倉邸にある「こおろぎなけり」の歌碑

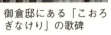

「とんぼのめがね」の歌碑

「とんぼのめがね」の歌碑

・福島県広野町

「とんぼのめがね」は額賀《ぬかが》誠志《せいし》作詞・平井康三郎作曲の童謡である。広野駅から歩いて10分ほどの「築地ヶ丘公園」にその歌碑があり、1番と3番の歌詞がトンボの絵とともに刻まれている。

とんぼのめがねはみずいろめがね
あおいお空をとんだから　とんだから
とんぼのめがねは赤いろめがね
夕やけ雲をとんだから〳〵

額賀誠志は福島県出身の医師で、広野村（現・広野町）で内科医をしていたが、童謡作家でもあった彼は終戦直後の少年少女が健全な心を持つような曲をつくりたいと思ってこの詩を書いた。

広野町は「とんぼのめがね」と「汽車」を地元にゆかりの深い童謡としており、駅前にその看板がある。列車の発車に合わせてメロディーが流されるが、上り線が「とんぼのめがね」、下り線が「汽車」である。

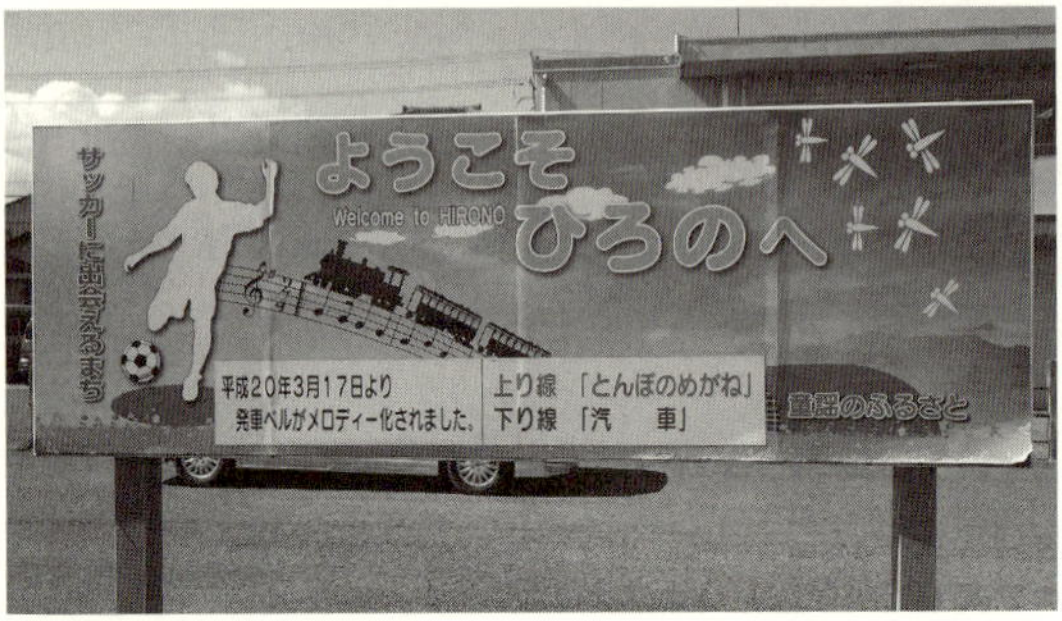

広野駅前にある看板

広野町は1994年に童謡の里として「ひろの童謡《うた》まつり音楽祭」を初めて開催し、以後20回以上も回を重ねている。入賞作品を集めたCDも出された。歌碑は「ひろの童謡まつり」の開催を記念して1995年11月に設置された。町のイメージキャラクターである「ひろぼー」はトンボと新しい名産品ミカンなどをデザインしたものである。

所在地：福島県双葉郡広野町
交通：JR東日本常磐線「広野」駅から徒歩約5分

「赤蜻蛉」の句碑

・茨城県つくば市

「日本の道百選」の一つである「つくば道」を北条から筑波山に向けて直進、筑波山神社の一の鳥居（6丁目の鳥居）を過ぎた三叉路を左の西山古道に入ると左手に正岡子規の名句「赤蜻蛉筑波に雲もなかりけり」の句碑がある。筑波石製で高さ73㎝、幅75㎝ほどあり、句は黒色の石板に刻まれている。

裏面の銘には「正岡子規真筆拡大　三月学び舎筑波第一小廃校　愛惜の情を赤トンボの句に託し　西山古道傍筑波石に刻む　平成17年4月」と世話人たちの名が読める。

三叉路に戻って右に進むと1994年3月に建立された一茶の「水仙や垣にゆひ込むつくば山」の句碑がある。

一茶の「水仙や」の句碑

正岡子規の「赤蜻蛉」の句碑

所在地：茨城県つくば市筑波

交通：つくばエクスプレス（TX）「つくば」駅からつくバス北部シャトル「筑波交流センター」下車。徒歩約60分

「新桑繭」の短歌碑

・茨城県つくば市

筑波山神社拝殿の左奥に「万葉の小径」と書かれた石柱が建ち、奥に進むといくつもの歌碑が見える。碑文によると万葉東歌研究会が建てたもので、万葉公園と名づけられた一帯に25の歌碑があるという。その一つが「筑波嶺の新桑繭《にいぐわまゆ》の衣《きぬ》はあれど君が御衣《みけし》しあやに着欲しも」の歌碑である。「万葉集」巻14・3350の作者不詳の歌である。「万葉集」には植物に比べ昆虫の歌がはるかに少ないことからも興味深い。

このあたりは古来養蚕が盛んだったところで、近くのつくば市神郡《かんごおり》には全国の蚕影神社の総本山である蠶影《こかげ》神社（蚕影神社）が鎮座する。

筑波山神社拝殿。本殿は筑波山の男体山・女体山山頂に鎮座する

新桑繭の歌碑

所在地：茨城県つくば市筑波1　筑波山神社境内
交通：つくばエクスプレス（TX）「つくば」駅から直行筑波山シャトルバスで「筑波山神社入り口」下車。徒歩10分

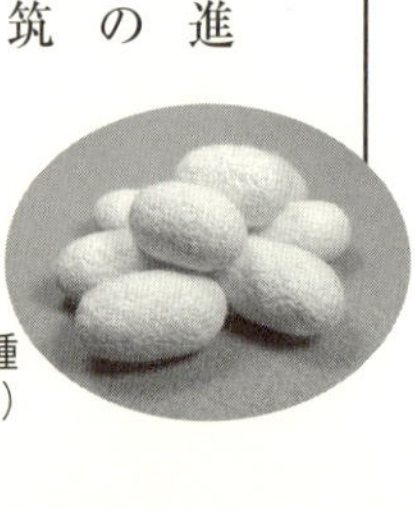

蚕の繭。現在の改良品種
（撮影：宮﨑昌久氏）

「赤とんぼ」の歌碑

「赤とんぼ」「とんぼのめがね」の歌碑　・茨城県龍ヶ崎市

広大な竜ヶ崎ニュータウンの北竜台の一角をなす久保台にたくさんの童謡の歌碑が並ぶ通りがある。「ニュータウン久保台」のバス停から「龍ヶ崎久保台コミュニティセンターの角を曲がり、住宅街を貫く広い通りをゆっくりと下っていくのが久保台4丁目の「童唄《わらべうた》のみち」である。歩道の左側に「肩たたき」「夕焼け小焼け」「赤とんぼ」「証城寺の狸囃子」「どんぐりころころ」の五つの歌碑が久保台2丁目のバス停にかけて少しずつ間隔を置いて続く。

　歌碑は大きな花崗岩製で「赤とんぼ」は幅175㎝、高さ160㎝、厚さ110㎝ほどもある。文字は緑色に塗られていて見やすく、さらに漢字にはすべて振り仮名が添えられているのは、子供が歌いやすいようにしたのだろう。

「童唄のみち」を先に向かうと久保台1丁目の道の左側に「とんぼのめ

がね」「うみ」「たなばたさま」の歌碑があり、歩道向かい側の「背くらべ」へと続く。「とんぼのめがね」は幅２００㎝、高さ１４０㎝、奥行き90㎝ほどの大きさである。久保台の「童唄のみち」には同じ石材でつくられた歌碑が全部で九つあることになる。

久保台４丁目の「童唄のみち」

久保台1丁目の「童唄のみち」の左手には行《ぎょう》部《ぶ》内《ない》公園の森が見える。このあたりは４５００～３５００年昔の縄文中期に集落が営まれた場所で、行部内貝塚がある。中央の広い芝地には大きなストーンサークルがつくられている。近くには鎮守の森が見え、とても気持ちのよいところである。

所在地：茨城県龍ヶ崎市竜ヶ崎ニュータウン久保台1丁目と4丁目
交通：ＪＲ東日本常磐線「佐貫」駅から関東鉄道バスで「ニュータウン久保台」下車すぐ

「黄金虫」の歌碑　・茨城県北茨城市

「黄金虫」の歌碑（撮影：高橋亮氏）

常磐自動車道の中郷サービスエリアには「上り線」「下り線」に分かれてたくさんの童謡の歌碑が建つ「野口雨情詩碑公園」がある。1985年ごろこのサービスエリアの工事現場で大きな花崗岩が出てきて工事を妨げていた。何とかできないかと関係者で議論した末、地元出身の野口雨情の歌碑に仕上げることになった。曲目は地元の小学生が選んだものだという（鹿島2005）。

上り線には「七つの子」「黄金虫」「兎のダンス」「証城寺の狸囃子」「四丁目の犬」「十五夜お月さん」「俵はごろごろ」、下り線には「青い目の人形」「赤い靴」「蜀黍《もろこし》畑」「シャボン玉」「雨降りお月さん」「あの町この町」と合計13基ある。「蜀黍畑」はあまり耳にしない曲であるが、雨情が最晩年を送った宇都宮市の羽黒山神社の境内にも詩碑がある。

この中で昆虫が曲名となっているのが「黄金虫」。しかし、この虫はコガネムシではなくチャバネゴキブリのことだとする説がある。卵鞘《らんしょう》が財布に似ているのが理由の一つだと言われる。さらにはタマムシではないかとする説もあるが、どうなのだろうか。

パーキングエリア上り線の説明板（撮影：高橋亮氏）

野口雨情は廻船問屋を営む名家の長男として茨城県多賀郡磯原町（現・北茨城市）に生まれた人である。多くの名作を残し、北原白秋、西条八十とともに、童謡界の三大詩人と謳われた。北茨城市磯原町には野口雨情記念館がある。

所在地：茨城県北茨城市中郷
交通：常磐自動車道中郷サービスエリア

「野菊」の歌碑

・埼玉県加須市

野菊公園にある「野菊」の歌碑

「野菊」は石森延男作詞、下總皖一《しもおさかんいち》作曲の優しい童謡である。2番の歌詞では野菊がトンボを休ませていて、曲を引きたてる。

遠い山から　吹いて来る　小寒い風に　ゆれながら
けだかくきよく　匂う花　きれいな野菊　うすむらさきよ

秋の日ざしを　あびてとぶ　とんぼをかろく　休ませて
しずかに咲いた　野辺の花　やさしい野菊　うすむらさきよ

この歌碑は加須《かぞ》市大利根文化・学習センター（アスタホール）の向かいの「野菊公園」の入り口近くに建つ。高さ70㎝、横幅は135㎝ほどの不整形である。独特の美しさをもつ緑色の緑泥片岩で、石材は四国で採取したらしい。歌碑の正面には下總皖一の楽譜がそのままの形で添えられている。歌詞は五線譜の上に書かれているので読みづらい。裏面には彩の国下總皖一童謡音楽賞受賞の記念に平成12年3月「下總皖一を偲ぶ会」が寄贈したと記されている。

下總皖一は埼玉県北埼玉郡原道村砂原（現・加須市）の生まれで、「野菊」のほか「たなばたさま」「はなび」「ほたる」などの童謡で知られる。アスタホールには「はなび」や「電車ごっこ」のモニュメントがある。栗橋駅前の五線譜広場の敷石には「たなばたさま」の歌詞と浅く彫られた楽譜がある。駅から野菊公園までの川沿いには「野菊の小道」が通る。

栗橋駅西口前の五線譜広場

所在地：埼玉県加須市旗井１４５０－１　野菊公園
交通：ＪＲ東日本東北本線・東武鉄道日光線「栗橋」駅西口から徒歩約25分。車で約5分

「赤とんぼ」の歌碑

・埼玉県久喜市

久喜青葉団地のゆったりと配置された建物の間に「童謡の小道」と呼ばれる０・４㎞の歩行者・自転車専用道路がある。「赤とんぼ」「この道」「どんぐりころころ」「仲良し小道」「七つの子」「靴が鳴る」「めだかの学校」「ふるさと」の八つの歌碑が道の両側に距離を置いて建っている。日本住宅公団（現・ＵＲ都市機構）が１９７３年に設計したもので、このうち「赤とんぼ」の歌碑は最も入り口寄りにある。

「赤とんぼ」の歌碑

表側が平たく研磨された花崗岩製の歌碑には作詞者と碑文の書家と思われる二人の名前が彫られて、裏面は自然のままである。八つの歌碑は大きさや厚みが異なっていて、「赤とんぼ」の歌碑の本体は高さ１５７㎝、横幅１１０㎝、奥行きは大きいところで10㎝ほどある。歌碑には原作とは異なり「赤とんぼ」の歌詞がすべて平仮名で書かれている。他の曲の表示も平仮名と漢字での記載法がまちまちである。

選ばれた曲は作詞者や作曲者の出身地とは関係なさそうで、通学の雰囲気に合った音楽が選ばれたのだろうか。「童謡の小道」の奥には久喜市立青葉小学校があり、たくさんの児童たちが童謡を歌いながらこの道を通ったのかと思うと微笑ましい。

童謡の小道。この両側に歌碑が並ぶ

近くの吉羽《よしば》大橋には「からくりモニュメント」があり、2～3時間を置いた正時に「静かな湖畔」「おもちゃのマーチ」「大きな古時計」「展覧会の絵」「家路・一番星みつけた」が一曲ずつ流れる。時間を調べて訪れると面白い。

所在地：埼玉県久喜市青葉　久喜青葉団地
交通：東武鉄道伊勢崎線「久喜」駅東口からバス、
　　　または徒歩約20分

「みどりのそよ風」の歌碑

・埼玉県和光市

和光市駅前の歌碑

蝶々が歌詞に出てくる「みどりのそよ風」は清水かつら作詞、草川信《しん》作曲の童謡歌曲である。

みどりのそよ風　いい日だね
蝶蝶《ちょうちょ》もひらひら　豆のはな
七色畑に　妹の
つまみ菜摘む手が　かわいいな

和光市駅南口前の広場にある横幅230cm、縦145cmほどの大きな歌碑には清水かつらが作詞した「みどりのそよ風」「靴が鳴る」「叱られて」の3曲のそれぞれ1番の歌詞が刻まれている。東京都深川に生まれた清水かつらは関東大震災の被害で継母の実家がある新倉《にいくら》村（現・和光市新倉）へ避難し、その後白子村（現・和光市白子）に移り住んだ人である。

武蔵野の自然と子供の純真さをこよなく愛し、生涯に２４０曲を超える童謡を作詞した。

歌碑は清水の生誕百年にあたる平成10年3月に和光ライオンズクラブが30周年記念事業として寄贈したと裏に彫られている。すぐ横には時計台が建っている。

所在地：埼玉県和光市　東武東上線「和光市」駅南口前広場
交通：東武鉄道東武東上線「和光市」駅

歌碑の裏面と時計塔

「みどりのそよ風」の歌碑

・埼玉県和光市

「みどりのそよ風」の作詞者の清水かつらは関東大震災で東京から和光市新倉に避難した後、和光市白子に移り住んで生涯を送った人である。和光市駅前のほか白子小学校の正門右手にも歌碑が建っている。柵の中にあるので正確な大きさを測れないが、横幅1m強、高さは70cmほどありそうだ。

白子小学校の「みどりのそよ風」の歌碑

この歌碑は白子小学校が開校130周年を迎えた2004年3月に建てられたもので、表には「白子小学校愛唱歌」との文字と2番までの歌詞が白い文字で彫られている。

裏面には清水かつらが白子で過ごし、白子小学校でも指導していたが、「みどりのそよ風」はこの間につくられた曲であること、白子小学校ではこの歌に親しみ、始業時・終業時に曲を流すなどして愛唱していることが書かれ、楽譜も刻まれている。

白子橋にある「くつが鳴る」の詩碑

少し離れた白子川にかかる白子橋の欄干の横には同じく清水かつらが作詞した童謡「くつが鳴る」の歌詞の1番と2番が左右に分けて掲げられている。和光市駅前の歌碑は「靴が鳴る」と漢字だが、ここでの「靴」は平仮名である。

近くの白子コミュニティセンターには「郷土～白子を愛した二人の文化人」として童謡詩人清水かつらと児童文学者大石真《まこと》の展示室があり、ゆかりの品々や人柄紹介のパネルなどが展示されている。

所在地：埼玉県和光市白子3-2-10　白子小学校正門横
交通：東武鉄道東武東上線「成増」駅北口から徒歩約20分

「螇蚸とぶ」の句碑 と阿育王塔

ショウリョウバッタの成虫

「螇蚸とぶ」の句碑

・東京都世田谷区

九品仏《くほんぶつ》浄真寺の境内に加藤楸邨《しゅうそん》の「しづかなる力満ちゆき螇蚸とぶ」の句碑がある。1999年7月3日楸邨の7回忌に寒雷俳句会が建立したもので、三つ並んだ立派な三仏堂の上品堂と中品堂の間に位置し、奥には阿育王塔が見える。体調を崩していた楸邨がようやく健康を回復して詠んだ1951年の句で、「静かに力を溜めた螇蚸が跳ぶ動作」によってその喜びを表した。「螇蚸」を「はたはた」と読むか「バッタ」と読むかは読者に任せると楸邨は述べているが、句碑の裏には「はたはた」とルビがふられ、「はたはたは昆虫のバッタの異称」と記されている。境内には加藤家の墓があり、句碑の近くに楸邨が好きだった榧《かや》の大木が聳《そび》える。

所在地：東京都世田谷区奥沢7-41-3　浄真寺境内
交通：東急電鉄大井町線「九品仏」駅から徒歩約5分

「みどりのそよ風」の歌碑

・東京都板橋区

「みどりのそよ風」の歌碑が和光市駅から一つ池袋寄りの成増駅北口から続くペダストリアンデッキの左手にある。歌碑の本体は高さが80㎝、横幅が約1ｍほどで、台座を含めると高さは1ｍを少し超える。

正面には1番の歌詞が彫られ、裏側には童謡詩人清水かつらを偲び、区内の子供たちの幸せを願うという設立の趣旨が記されている。板橋区文化振興財団によって1992年11月に建立されたものである。近くには腰かけるところがあり、ちょっとした憩いの場となっている。

反対側の駅の南口には清水かつらの25回忌にあたる1976年8月に建てられた「うたの時計塔」がある。案内板によると、彼が作詞した「みどりのそよ風」「靴が鳴る」「雀の学校」「あした」「叱られて」「浜千鳥」の6曲の童謡が午前8時から午後6時まで2時間置きに一曲ずつ流されているそうだ。

北口にある「みどりのそよ風」の歌碑

南口にある「うたの時計塔」

清水かつらが後半生を送ったのは和光市白子であるが、彼は成増駅から電車を利用し仕事に通っていた。成増は白子の隣町にあたる。当時とは道路が異なるかもしれないが、白子から実際に歩いてみると成増駅までは近い。

清水かつらがこのあたり一帯の武蔵野を愛していたことから、成増では地元ゆかりの童謡詩人として「成増童謡まつり」を開いているそうである。

所在地：東京都板橋区成増
交通：東武鉄道東武東上線「成増」駅下車。
　北口からすぐ

「赤とんぼ」の歌碑

・東京都三鷹市

三鷹駅南口から中央通りを１５０ｍほど進むと、信号を越えた左側沿いに寝転んだ幼い男の子と姐《ねえ》やの像が建つ。よく見ると姐やの手にはトンボが止まっている。台座の部分には「赤とんぼの碑」、その側面の上部には「赤とんぼ」の歌詞、その下に三木露風の年代記が記された二つの金属製の銘板がある。この碑は１９７７年に建てられた。

駅近くにある「赤とんぼ」の歌碑

三鷹市は「赤とんぼ」の作詞者三木露風が１９２８年から交通事故で亡くなる１９６４年までの後半生を送ったところである。三木露風が亡くなったのは12月29日、「赤とんぼ」の作曲者の山田耕筰が世を去ったのは１年後の１９６５年12月29日で、奇しくも二人の命日は同じである。

近くの商店街沿いには武者小路実篤、山本有三、太宰治と、亀井勝一郎の立派な文学碑が建ち、三鷹が有名な文学者とゆかりの深い土地であったことがわかる。

井の頭公園まで少し足を延ばすと、2013年に建てられたピアノの形をした「ちいさい秋みつけた」（サトウ・ハチロー作詞、中田喜直作曲）の歌碑や「鳴いてさわいで日の暮れごろは葦に行々子《よしきり》はなりゃせぬ」という1952年に東京雨情会が建立した野口雨情の歌碑が建つ。ここに書かれているのは武蔵野市に一時住んでいた野口雨情作詞の「井の頭音頭」（森義八郎作曲）の5番の歌詞で、4番ではホタルが歌われている。

所在地：東京都三鷹市下連雀3丁目
交通：JR東日本中央本線「三鷹」駅南口から約150m、徒歩約5分

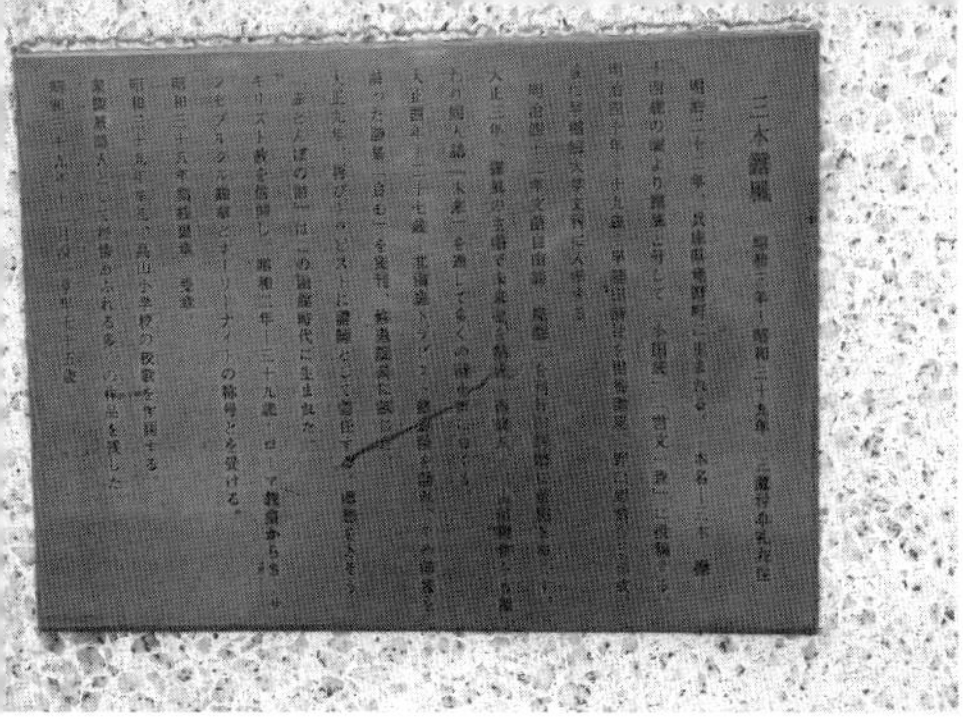
側面にある三木露風の銘板

「ちいさい秋みつけた」や「井の頭音頭」の歌碑がある井の頭公園

「赤とんぼ」の歌碑

・東京都三鷹市

三鷹台団地の一角に「赤とんぼ児童公園（通称赤とんぼ公園）」がある。独立行政法人都市再生機構の寄付によって、２００９年2月にオープンした公園である。童謡「赤とんぼ」を作詞した三木露風が後半生を過ごしたのはここ三鷹市の牟礼の地であった。75歳で交通事故に遭って亡くなったのもこの牟礼である。

公園の入り口には「赤とんぼ公園」の名称と1番の歌詞が彫られたお洒落な石碑があり、横にステンレス製の説明板が建つ。そこには三木露風が亡くなるまでの36年間を牟礼で過ごしたこと、「赤とんぼ」の歌詞が１９２１年「樫の實」に初めて発表されたこと、１９２７年に山田耕筰によって曲がつくられたことなどが記され、「赤とんぼ」の１番から4番まですべての歌詞が書かれている。

公園を巡ると、とんぼの尻尾をイメージしたロングベンチや、とんぼが彫られたいくつかの石製の丸椅子がある。ビオトープもあって子供たちが遊ぶ環境がつくられている。

赤とんぼ公園の「赤とんぼ」歌碑

とんぼの絵がある公園の石の丸椅子

三木露風の墓がある大盛寺はここから近く、墓所の入り口には「史蹟　赤とんぼの墓入り口」と書かれた木製の看板が掛けられている。中に進むと顕彰碑や1980年（昭和55年）5月20日に三木露風の墓が史跡に指定されたことを記した三鷹市教育委員会の看板があり、裏面に「穐雲院赤蛉露風居士」と彫られた墓が近くに建っている。

所在地：東京都三鷹市牟礼三鷹台団地
交通：京王電鉄井の頭線「三鷹台」駅から徒歩約15分

「赤とんぼ」の歌碑

・東京都あきる野市

「赤とんぼ」は三木露風作詞、山田耕筰作曲による日本を代表する童謡である。

２００６年に文化庁と日本ＰＴＡ全国協議会が親子で長く歌い継いでほしい童謡・唱歌や歌謡曲などの抒情歌や愛唱歌から選定した「日本の歌百選」にももちろん選ばれている。全国のあちこちに歌碑が建てられており、その数は「夕焼け小焼け」に次ぐのではないだろうか。

西多摩霊園は作曲者山田耕筰の墓所である。広大な霊園の正面から入り、舗装された広い坂を登ると左側に山田耕筰碑がある。綺麗に整備された小庭園の趣で、右手の歌碑には作詞者三木露風の手になる歌詞が、左手の曲碑には山田耕筰の自筆の曲譜が刻まれていて、二つが寄り添うように建っている。山田耕筰の歌碑の裏にはこれも自筆で「独り居は侘し二人居もなほ寂し　さびしければこそ相抱くなれ　耕筰」と彫られている。

少し離れた左側には山田耕筰の写真が入った詳しい年譜が彫られた石碑があり、右には側面に功績をたたえる言葉が彫られた「山田耕筰碑」の石柱が建つ。

さらに坂を登ると左手に山田耕筰作曲の「からたちの花」の歌詞と曲譜が側面に彫られた石灯籠と銅像「山田耕筰の像」があり、像の裏にも年譜が彫られている。向かいには「山田耕筰　眞梨子」と書かれたお墓がある。素晴らしい曲を後世に遺してくれた山田耕筰に感謝の気持ちを捧げたい。

よく整備された「赤とんぼ」の歌碑

山田耕筰の銅像

所在地：東京都あきる野市菅生716　築地本願寺西多摩霊園
交通：JR東日本青梅線「福生」駅から車で約10分。徒歩約50分

・神奈川県茅ヶ崎市

「赤とんぼ」の歌碑

茅ヶ崎市は「赤とんぼ」を作曲した山田耕筰が一時住んでいたところである。茅ヶ崎駅の北口から歩いて右側の大きな中央公園の入口付近に「赤とんぼ」の歌碑がある。足踏みオルガンの凝ったデザインの碑で、オレンジ色に塗られているのでよく目立つ。複雑な形だが、本体部分の高さは約１７５㎝、譜面台の部分は約57㎝あり、横幅は２０８㎝ほど。奥行きは広いところで53㎝ほどである。

正面にはあちこちを向いたタイルの赤とんぼたち、上部には山田耕筰自筆だろうか「赤とんぼ」の楽譜と似顔絵が銘板に記されている。あきる野市西多摩霊園の楽譜にはピアノパートもあるが、ここの楽譜は声の部分だけである。譜面台の部分は赤とんぼが飛ぶ夕焼けの空を背景に小さな子供をねんねこで背負った姐やの絵である。

裏側に回ると、二つの銘板には「碑建立プロジェクトチーム」「童謡『赤とんぼ』の碑を建てる茅ヶ崎市民の会」、「碑建立協賛」として団体、法人、個人のたくさんの名前が並び、多くの人たちがこの碑の建立に携わったことがわかる。

歌碑の右隣には「童謡『赤とんぼ』の碑を建てる茅ヶ崎市民の会」が「平成二十四年三月吉日建立」したと記された説明板があり、山田耕筰がこの茅ヶ崎の地で「赤とんぼ」を作曲したいきさつなどが詳しく記されているが、正面の楽譜などとともにやや読みづらくなっている。

足踏みオルガンの形をした「赤とんぼ」の歌碑

中央公園の右奥に「赤とんぼ」の歌碑が見える

所在地：神奈川県茅ヶ崎市茅ヶ崎2丁目　中央公園
交通：JR東日本東海道本線「茅ヶ崎」駅北口から茅ヶ崎中央通りを徒歩約10分

「赤とんぼ」の曲碑板

・神奈川県茅ヶ崎市

山田耕筰は1926年から6年間、茅ヶ崎から東京に仕事で通い、その間「赤とんぼ」や「この道」などの童謡を作曲した。茅ヶ崎市「海岸通り」の「上町入口」のバス停近くにある「童謡『赤とんぼ』誕生の地」の看板を目印に南側に入ると、住宅の入り口右側に2段構えの木製の板が見える。

上の板には「童謡赤とんぼ作曲の地」と書かれ、童謡「赤とんぼ」が昭和2年1月29日にこの地で作られたことや楽譜の一部が「山田耕筰と『赤とんぼ』を愛する会」の名前とともに記されている。烏帽子岩のある茅ヶ崎の海、富士山、ディスカバリーと赤とんぼの絵が描かれているのは、茅ヶ崎市出身の宇宙飛行士野口聡一氏が宇宙に「赤とんぼ」を携えていったことに因むのだろう。

下の板には北原白秋作詞、山田耕筰作曲の「この道」の1番の楽譜と、山田がこの地で童謡100曲を作曲したことなどが記されている。山田がこの奥の住宅に住んでいたことが地元の方の粘り強い調査によって明らかになっている。この曲碑板は2006年「山田耕筰と『赤とんぼ』を愛する会」が設置したものである。

２０１６年６月にはここから歩いて10分ほどの高砂《たかすな》緑地に同会が山田耕筰の顕彰碑を建てた。高さ60㎝、横幅１５０㎝、奥行き70㎝ほどの本小松石製で、正面には山田耕筰が「童謡百曲集」の後書きに記した「晴朗な湘南茅ヶ崎の大気」の文字や、頂部から裏側にかけて日本中の心と心が結ばれるようにと水引を象ったクリクリ目玉の赤とんぼが磨き出されている。

「赤とんぼ」作曲の地の曲碑板

高砂緑地に新しく建てられた山田耕筰顕彰碑

所在地：神奈川県茅ヶ崎市南湖３-17-44（曲碑板）
交通：ＪＲ東日本東海道本線「茅ヶ崎」駅南口から徒歩約15分

「信濃の国」の歌碑

・長野市

「信濃の国」は浅井洌《きよし》が作詞、北村季晴《すえはる》が作曲し1900年に発表された曲である。

この曲は教材「地理歴史唱歌」として信濃教育会の依頼により生まれた作品で、1968年に長野県歌に制定された。浅井は松本出身の長野県師範学校国語科の教師、北村は東京出身で一時長野県師範学校に勤めた人である。

長野県庁に向かって右奥に「信濃の国」の堂々たる歌碑が建つ。本体は左右約270㎝、高さは約140㎝、奥行きは約30㎝ある。道路側から小さな階段で歌碑に近づくと、表面には「県歌　信濃の国」の曲名と全曲の歌詞、「昭和51年9月　上條信山書」と彫られ、裏面には「建立の言葉」とブロンズ製の楽譜がある。

この曲がどのようにして長野県の県歌に選ばれ、なぜ今でも誇らしげに歌い継がれているのか。碑の「建立のことば」にあるように1976年に県が100周年を迎えるにあたり親しみの念を新たにするとともに長く後世に伝えるため県の毎戸10円、小中高校生1円ずつの據金により建てられた。

曲の3番で蚕が歌われる。蚕糸業・絹織物業はかつて日本の一大産業で、明治から昭和の初期ごろまで日本の総輸出額のうち生糸類は30～40％を占めていた。長野県は言うまでもなく養蚕や製糸業が盛んだったところである。

木曽の谷には真木《まき》茂り　諏訪の湖《うみ》には魚《うお》多し
民《たみ》のかせぎも豊かにて　五穀《ごこく》の実らぬ里やある
しかのみならず桑とりて　蚕飼《こが》いの業《わざ》の打ちひらけ
細きよすがも軽《かろ》からぬ　国の命を繋ぐなり

歌詞が彫られた表面

裏側には楽譜と建立の言葉がある

所在地：長野市大字南長野字幅下
　長野県庁前
交通：JR東日本信越本線「長野」駅から県庁までアルピコ交通バスで約6分、または徒歩約15分

「赤とんぼ」「みどりのそよ風」の歌碑　・長野市

長野市郊外の篠《しの》ノ井にある広々とした茶臼山自然植物園に「どこかで春が」「みどりのそよ風」「あの子はたあれ」「もみじ」「赤とんぼ」「たきび」の六つの歌碑が建つ「童謡の森」がある。1992～1996年に長野市が童謡の森建設事業として建てたものである。3曲ずつに分かれボタンを押すと曲が流れる柱が二つ建っている。長野市は童謡作家を輩出したところで、作曲家の海沼実と草川信、作詞家の坂口淳と山上武夫が市の出身である。6曲の中では「どこかで春が」が草川信の作曲、「あの子はたあれ」が海沼実の作曲、「もみじ」は現・長野県中野市出身の高野《たかの》辰之の作詞である。

このうち昆虫が出てくる童謡は「赤とんぼ」「みどりのそよ風」の2曲で、「赤とんぼ」は作詞の三木露風、作曲の山田耕筰とも長野出身ではないが、代表的な童謡として採用されたのだろう。

歌碑は石を曲のイメージに加工したり、上段に歌詞、下段に楽譜を配置したり、オブジェを添えるなど工夫が凝らされている。「赤とんぼ」の歌碑の右側の石には上半分に歌詞、下に夕焼け空の民家のシルエットとともに楽譜がある。左側の石には3頭のトンボ、その間を金属製のトンボのオブジェがつなぐ。「みどりのそよ風」は下部の譜面の両脇に蝶々と豆の花が彫られている。二つの波打つような線は、そよ風のイメージだろう。

園内の案内看板には「童謡の森」が記載されておらず、道標なども見あたらないので、広い園内で場所を探すのに苦労する。

「赤とんぼ」の歌碑

「みどりのそよ風」の歌碑

所在地：長野市篠ノ井有旅
交通：ＪＲ東日本信越本線「篠ノ井」駅西口から「ＺＯＯグル」バス（期間限定の土日のみ運行）で約10分「茶臼山動物園北口」下車

「子鹿のバンビ」の歌碑

・長野市

長野市松代は真田十万石の城下町である。真田公園の中に「子鹿のバンビ」「蛙の笛」「みかんの花咲く丘」「春の歌」の歌碑がある。篠ノ井の茶臼山自然植物園の「童謡の森」と同じく童謡の森建設事業によって建てられた。「子鹿のバンビ」の作詞は長野市松代町出身の坂口淳、作曲は平岡照章である。「蛙の笛」「みかんの花咲く丘」作曲の海沼実、「春の歌」作曲の草川信が長野市の出身である。「子鹿のバンビ」の歌詞には蝶々がバンビの遊び相手として顔を出し、歌碑にも絵が刻まれている。

ここにある歌碑は石と金属を組み合わせて金属部分に楽譜を刻むなど篠ノ井の「童謡の森」の一連の歌碑とよく似たデザインであるが、「子鹿のバンビ」だけは研磨した黒色の斑糲岩《はんれいがん》に楽譜とイラストが刻まれていて他の歌碑と異なった雰囲気をもつ。この歌碑だけ裏面に1992年9月長野松代ライオンズクラブ、ライオネスクラブの記念事業として建立されたことが記されているが、他の三つも1992年から1994年に建立されたものである。
これらのほかに「唱歌と童謡を愛する会」が２０１０年に建てた海沼実作詞作曲の「からすの赤ちゃん」の歌碑が「子鹿のバンビ」の近くにあるが、これには楽譜が刻まれていない。

真田公園のすぐ近くには松代城跡、真田邸、真田宝物館、文武学校、旧樋口家住宅などがあり、多くの観光客が訪れる。近くの松代駅前に「汽車ポッポ」、松代小学校に「やさしいおかあさま」の歌碑もある。

真田公園の「子鹿のバンビ」の歌碑

近くにある真田邸

所在地：長野市松代　真田公園
交通：ＪＲ東日本信越本線「長野」駅からアルピコ交通バス「松代高校」行で「松代駅」下車徒歩約５分

「信濃の国」の歌碑

・長野県松本市

長野県歌「信濃の国」の歌碑が長野市の県庁前にあるが、松本市にも立派な歌碑が建つ。広大な長野県松本平広域公園（信州スカイパーク）の陸上競技場入り口近くである。横幅が約290㎝、高さ約225㎝もある堂々たるもので、こちらは自然の形を生かしている。正面の四角く磨かれた部分には歌詞が彫られている。裏に回ると右側に「建立のことば」、左側にはブロンズ製の楽譜が埋められていて、文言ばかりでなく全体の配置も県庁前の歌碑と同じである。

1976年は県政が始まって100年にあたり、信濃教育会も自ら90周年を迎えるので記念事業に県の南北一か所ずつに歌碑を建ててはどうかと考え、①長野県庁構内と松本平広域公園の2か所に建立する、②建設予算を600万円とし県下54万戸から一戸10円、小中高児童生徒から一人1円を目標に募金をお願いする、③行政からの補助、企業・団体・個人からの高額寄付は一切辞退することなどを前提に県内の多数の団体の賛同を得て建てられた。
1871年の廃藩置県で、かつての信濃国（信州）に北信地域の「長野県」、中南信地域の「筑摩県」と二つの県が置かれたのち1876年に筑摩県が長野県に併合されたことや高い山にさえぎられた文化圏の異なる地域が集まっていることなどから、北信地域と中南信地域がライバル意識を燃やしたり、分県運動が起こったりしたこともある。立派な歌碑が長野市と松本市の双方に設置されたのも県民の心を一つにという気持ちの表れなのだろう。

所在地：長野県松本市今井3443
　長野県松本平広域公園内
交通：JR東日本中央本線「松本」駅の松本バスターミナルからアルピコ交通バス朝日線で「信州スカイパーク・体育センター」下車

正面からの「信濃の国」歌碑

歌碑の裏側と奥にある陸上競技場

「螢川」の歌碑　・岐阜市

岐阜公園の金華山ロープウェイ山麓駅に向かう道の右手の木立にホタルの碑がある。高さ95㎝、幅70㎝ほどの丸みを帯びた石の正面には「螢川」の文字とともに「ホーホーほたる来い　あっちの水はにがいぞ　ホーホーほたる来い　こっちの水はあまいぞ」と刻まれている。

左側には「岐阜西ロータリークラブ創立15周年記念　1976・4・18寄贈」とある。そう思ってみると正面の上部にロータリークラブのマークが浅く彫られている。この歌詞で知られるのは童謡の「ほたるこい」である。少しだけ道から離れているのでよく見ないと気づきにくい。

この碑の奥の木立の中には「ホタルの楽園」と彫られた四角い石碑も建っていて、岐阜市長上松陽助書の文字が読める。これらの石碑は池や灯籠、小さな滝がある公園の左に位置する場所にある。ここら一帯を「ホタルの楽園」としたのであろうか。岐阜市のホームページには「岐阜市ホタルマップ」が掲載され、市内に十数か所ある名所のうち岐阜公園もその一つになっている。岐阜公園内の水路脇には岐阜市による「ホタルがすむふるさとの川をまもりましょう」というホタルの絵のついた看板が建てられている。

名和昆虫博物館にある「昆虫碑」と護国神社近くにある「蜜蜂之碑」の間に位置しているので、合わせると近くで三つの虫塚を見ることができる。

岐阜公園にある「蛍川」の歌碑

すぐ近くにある「ホタルの楽園」の石碑

所在地：岐阜市大宮町１丁目　岐阜公園内
交通：ＪＲ東海東海道本線・高山本線「岐阜」駅からバス「岐阜公園」下車

「野崎小唄」の歌碑

・大阪府大東市

野崎《のざき》観音は福聚《ふくじゅ》山慈眼《じげん》寺という禅宗のお寺で、5月1日から8日までの「のざきまいり」は全国各地からの参詣者で賑わう。野崎駅前の通りを直進し、「観世音菩薩」と「野崎観音慈眼禅寺」の石柱を左に見て坂道と石段を登ると本堂に達する。その手前にあるのが南條神社である。途中で右側に回り、周囲の四季の木々が美しい急階段を登って楼門をくぐる道もある。南條神社の右下に「野崎小唄」の歌碑が建つ。今中楓渓作詞、大村能章《のうしょう》作曲のこの曲は1934年に東海林太郎の歌で発売され大流行した。歌詞に「菜の花」「日傘」「蝶々」が出てきて雰囲気を盛り上げる。

歌碑は高さ170cm、横幅185cm、奥行きは基部32cm・上部22cmほどの花崗岩製で、三つの礎石により支えられている。正面には今中楓渓の名前と1番の歌詞が彫られている。

野崎詣《まいり》は　屋形舟でまいろ
どこを向いても　菜の花盛り

意気な日傘にゃ　蝶々もとまる
呼んでみようか土堤の人

歌碑の裏側は今中楓渓の業績を讃える文のようだが読み取りにくい。

野崎観音はこの曲ばかりでなく、お染久松を主題とした近松半二の「新版歌祭文」や落語「のざき詣り」、近松門左衛門の「女殺油地獄」などで知られる。「新版歌祭文」のわかりやすい絵巻物が建物の横に貼られている。境内には「お染久松の塚」や芭蕉の二つの句碑がある。駅との間の道には「野崎詣り」のカラフルなマンホールが並ぶ。

所在地：大阪府大東市野崎2-7-1
交通：JR西日本学研都市線「野崎」駅より徒歩約10分

南條神社下の「野崎小唄」の歌碑

四季を通じて美しい野崎観音楼門への道

「赤とんぼ」の歌碑

・兵庫県たつの市

たつの市は「赤とんぼ」の作詞者三木露風の出身地である。本竜野駅のホーム横には「赤とんぼ碑」がある。ねんねこを着て赤子を背負った姐やとトンボ釣りの男の子の像で、その間に1番の歌詞が設置されている。建立は昭和58年10月14日の鉄道記念日で、本竜野駅長が寄贈したことが記されている。

赤とんぼ
夕焼小焼の
赤とんぼ
負われて見たのは
いつの日か

駅ホーム横にある「赤とんぼ碑」

駅前広場の「童謡赤とんぼのふる里」像

駅前には母親とトンボ釣り姿の子供とその姉のような３人が並ぶ本体の高さ１・５ｍほどの別の銅像があり、地元では「姐やの像」と呼ばれている。下部には「童謡赤とんぼのふる里」と書かれている。男の子の持つ竿にはこちらも一匹のトンボが止まっている。子供二人が大きく口を開けているのは歌を歌っているのだろうか。１９９６年5月に龍野市制45周年を記念して龍野市長の名前で建てられたものである。

ドア横にトンボの絵がついた姫新線の車両で本竜野駅に着くと、たつの市のイメージキャラクター「赤とんぼくん」が描かれた路線バスや、トンボのデザインのマンホールや側溝の蓋などのたくさんの「赤とんぼ」が出迎えてくれる。

所在地：兵庫県たつの市龍野町
交通：ＪＲ西日本姫新線「本竜野」駅前

赤とんぼデザインのJR姫新線車両

赤とんぼがデザインされたたつの市のマンホール蓋

「赤とんぼ」の歌碑

・兵庫県たつの市

童謡「赤とんぼ」の作詞者三木露風が生まれたたつの市の龍野公園には1965年5月28日に龍野市観光協会が建立した「赤とんぼ」の立派な歌曲碑がある。横幅約6m、高さ約2・5mもある大型の碑で、中心には三木露風自筆の歌詞、左側には山田耕筰自筆の楽譜、右側には上部に三木露風の顔のレリーフ、下部に「三木露風と山田耕筰の両先生の歌曲を記念して建てた」ことが書かれている。

1961年に龍野市が詩碑の建立を決め、露風は自筆碑文を龍野市に送ったが、完成を見ることなく1964年12月に亡くなった。また作曲碑の五線譜は山田耕筰が不自由な体を押して書いたものだという。歌曲から右手の少し離れたところには「三木露風先生之像」と記された三木露風の立像が建っている。

歌曲碑がある龍野公園に至る一帯は歴史ある町並みである。時間があれば本竜野駅から歩くのもよい。揖保《いぼ》川を龍野橋で渡ると、歌曲碑までの間に「たつの市かどめふれあい館」、

「うすくち龍野醤油資料館」、三木露風の生家、「たつの市立龍野歴史文化資料館」などがある。龍野小学校の校門横には三木露風作詞、山田耕筰作曲により１９２３年につくられた校歌の歌碑が見える。三木家の菩提寺である如来寺の本堂の前には露風の「松風の清きみ山にひびきけり心澄むらん月明らけく」の歌碑とその右手に「ふでつか」と彫られた筆塚が建つ。

これらとも近い公益財団法人霞城館《かじょうかん》は、三木露風のことを知るうえで欠かせない施設である。中には三木露風自筆の「赤とんぼ」の大型の色紙などたくさんの品々が展示され、あたかも三木露風記念館といった趣であるが、龍野が生んだ詩人内海青潮、歌人矢野勘治、哲学者三木清に関する文献、遺品も揃えられている。ここでは霞城館が２００７年三木露風特別展に際し発行した「三木露風」や三木露風作詞の童謡を収録したＣＤなども求めることができる。

この記念誌を読むと、「赤とんぼ」は龍野を離れて北海道のトラピスト修道院に講師として奉職していたときに故郷龍野の風景を思ってつくった詩であること、4番に歌いこまれている「赤蜻蛉とまつてゐるよ竿の先」は12歳のときにつくった俳句である

龍野公園にある「赤とんぼ」の歌碑

「童謡の小径」の門

ことなどを知ることができる。

この歌碑から白鷺山展望台へ向かう「童謡の小径」があり、「叱られて」「月の砂漠」「里の秋」「夕焼け小焼け」「七つの子」「みかんの花咲く丘」「ちいさい秋みつけた」の七つの歌碑が点在している。それぞれの歌碑にはその歌の作詞者の出身地の石が使われているという。またデザインにも工夫が凝らされている。

歌碑を巡る道はそれほど長くはないが、途中にやや急な坂もある。「童謡の小径」を抜けると国民宿舎の「赤とんぼ荘」があり、売店ではトンボの竹細工などが売られていた。

駅に戻るときに「赤とんぼ」のメロディがどこからともなく聞こえてきた。

所在地：兵庫県たつの市龍野町上霞城
交通：JR西日本姫新線「本竜野」駅からコミュニティバス「龍野小学校前」で下車、霞城館まですぐ、歌碑までは徒歩約10分

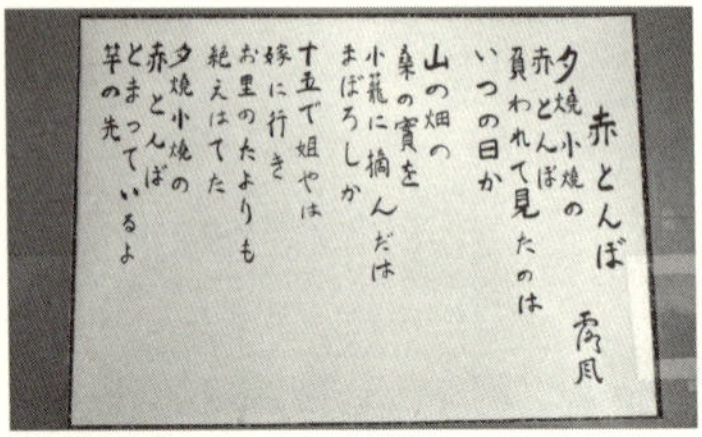

三木露風自筆の「赤とんぼ」色紙（霞城館所蔵）

三木露風の生家

「赤とんぼ」の歌碑

・兵庫県たつの市

たつの市役所からほど近い「たつの市総合文化会館」の「赤とんぼ文化ホール」の一角に「童謡赤とんぼの姐や像」がある。姉さんかぶりの若い女性が幼子を背負っている形で、高さは約１ｍ、台座を含めると２ｍほどの高さがある。

「赤とんぼ」の姐や像

台座の正面には「少年少女の感性を育み健全な心を育て次世代へ繋げる」と彫られ、その下に「国際ソロプチミスト姫路西」が認証10周年を記念して寄贈したことが記されている。「国際ソロプチミスト」は国際ボランティア団体である。側面には「赤とんぼ」の全曲の歌詞が彫られているが三木露風の書体ではない。２０１３年６月27日にその除幕式が行われている。駅前にある二つの「赤とんぼの像」とこの像はいずれも持っている雰囲気が大きく異なるのが面白い。

近くには赤とんぼが数字の中にデザインされた龍野市制施行50周年記念のタイムカプセルがある。２００1年4月1日に設置され、２０２1年に開けられるようだ。また、龍野ライオンズクラブが創立40周年を記念して寄贈した「影ぼうし日時計」も近くにある。奥にある立派な「たつの市総合文化会館」の「赤とんぼ文化ホール」の窓には「童謡赤とんぼ誕生の地」と大きく記されている。ホール内には日本童謡まつりに関する事業に取り組んでいる「公益財団法人　童謡の里龍野文化振興財団」があり、「赤とんぼ」を含む三木露風作詞の童謡を集めたCDや「三木露風賞新しい童謡コンクール」の入賞曲などを収めたCDを求めることができる。

たつの市総合文化会館（赤とんぼ文化ホール）

所在地：兵庫県たつの市龍野町富永地先　たつの市総合文化会館の広場
交通：JR西日本姫新線「本竜野」駅からコミュニティバスで「市役所前」下車、徒歩約5分

「春爛漫」の歌碑

・兵庫県たつの市

頌徳碑を挟んで右が「春爛漫」
（左が「嗚呼玉杯」の歌碑）

たつの市の龍野公園の「赤とんぼの碑」から坂道を登り「龍野動物園」を通ると、すぐ左手の木立に「春爛漫の花の色」（春爛漫）の歌碑が建っている。「春爛漫」は矢野勘治が作詞し、豊原雄太郎が作曲した旧制第一高等学校の西寮の寮歌で、寮歌としては珍しく歌詞に昆虫（蝶）が出てくる。「蝶」が歌の雰囲気を表す役割を果たしているので、昆虫に関連する歌碑として本書で取り上げた。

「春爛漫」の歌碑の左には「嗚呼玉杯に花うけて」（嗚呼玉杯）の歌碑があり、その間に建つのは同じような形をした頌徳碑である。「嗚呼玉杯」も矢野勘治の作詞による旧制第一高等学校東寮寮歌で、「春爛漫」は矢野が二年生、「嗚呼玉杯」は三年生の在学中の作品である。

１９６３年５月26日に除幕式が行われた頌徳碑の頂部には東京大学の同級生だった吉田茂の書と記されている。

矢野勘治記念館

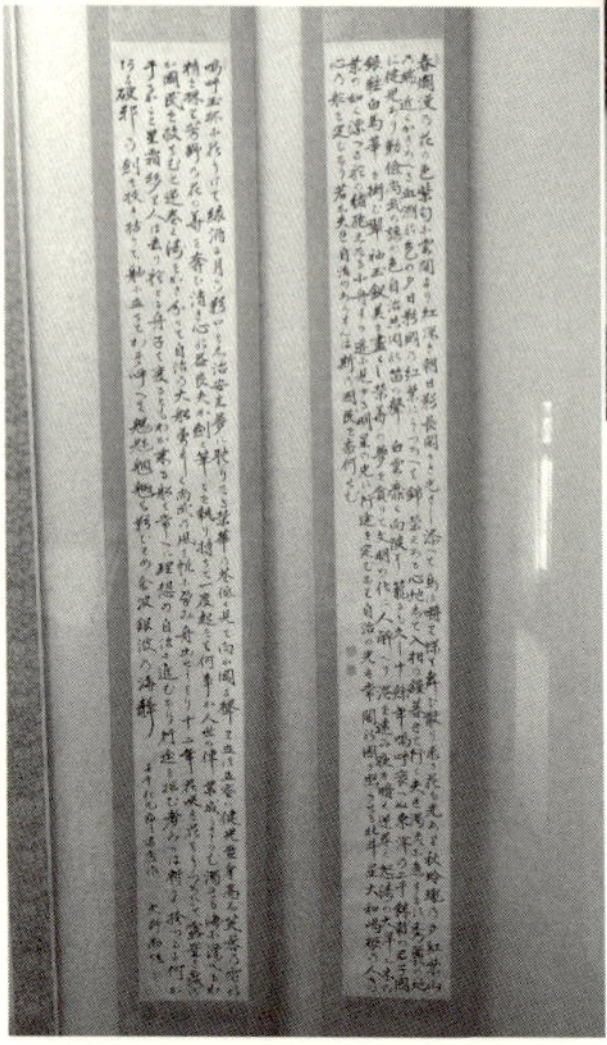

「春爛漫」（右）と「嗚呼玉杯」（左）の自筆掛け軸（矢野勘治記念館所蔵）

矢野勘治はたつの市出身の人で、大学卒業後は横浜正金銀行（現・東京三菱銀行）で要職を務めた。三木露風などたつのが生んだ文化人の文献などが展示される霞城館に隣接して矢野勘治記念館があるが、これは矢野勘治の旧宅を利用したものである。銀行を退職した矢野勘治が晩年を送った居宅であったが、遺族からたつの市に寄贈され、1992年に開館した施設である。ここには矢野勘治ゆかりの品々が展示されており、「春爛漫の花の色」と「嗚呼玉杯に花うけて」の自筆掛け軸なども見ることができる。

所在地：兵庫県たつの市龍野町上霞城
龍野公園
交通：JR西日本姫新線「本竜野」駅からコミュニティバス「龍野公園前」で下車徒歩約10分

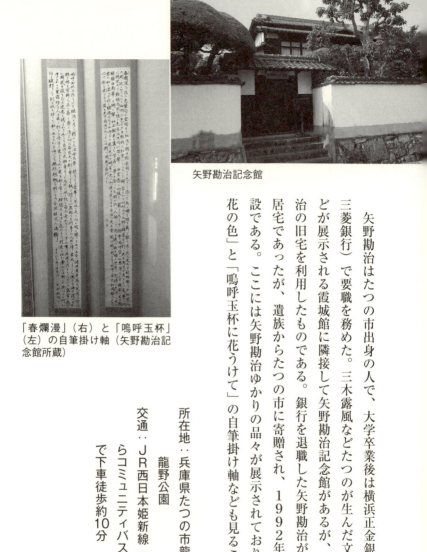

「ひょんの実」の句碑
・兵庫県赤穂市

赤穂市坂越《さこし》は瀬戸内海に面した風光明媚の地である。そこに鎮座する大避《おおさけ》神社は聖徳太子の側近で多くの功績があったと伝えられる秦河勝《はたのかわかつ》公と天照大神を祀った歴史ある社である。鳥居先の階段を登り、神門をくぐると拝殿に向かって右側寄りの境内にある句碑が目に入る。高さ85㎝、横幅１４０㎝、厚さ35㎝（最大部）ほどの大きさがあり、「ひょんの実に似たるうつぼで流れ着き　梅原猛」と彫られている。この俳句を詠んだ哲学者梅原氏の字体と言い、石の形と言い、心を落ち着かせてくれる雰囲気を持った句碑である。

　宮司の生浪島《いなみじま》堯《たかし》氏によれば、この石材は赤穂市産の御影石で、俳句が彫られている研磨された部分は「ひょんの実」を象り、その

大避神社の拝殿

ひょんの実の句碑

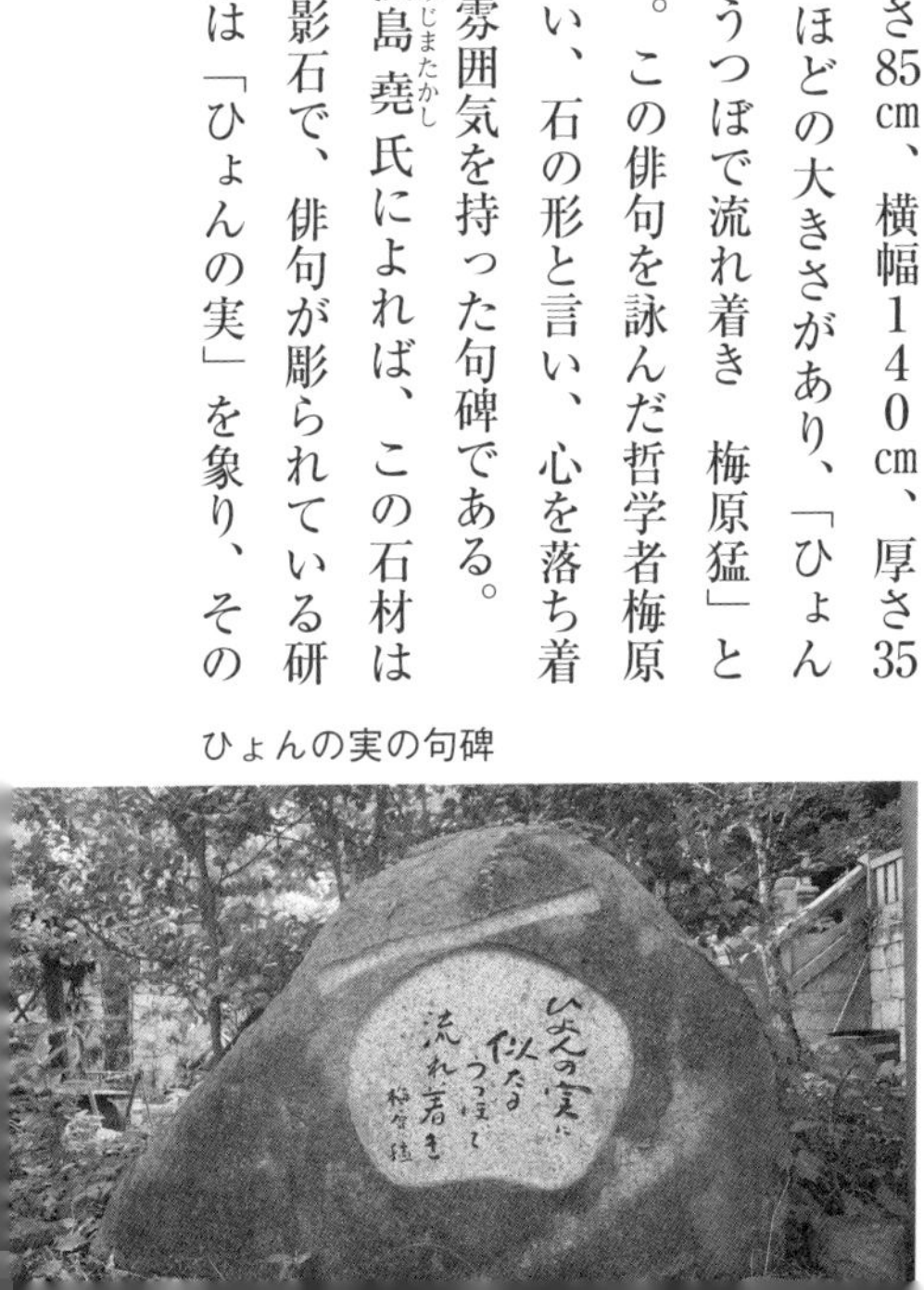

上にある一の字のような線は「ひょんの実」がついた小枝を表している。句碑は河勝公の流れをくむ人が寄進したもので、裏面には「神恩感謝奉献建立平成18年10月吉日」とある。

昆虫が寄生することによって植物の一部がこぶのように膨れることがあり、「虫こぶ」または「虫えい」と呼ばれている。イスノキにはいろいろな種類の虫こぶができることが知られている。虫こぶの中にいたアブラムシが外に出た穴から息を吹き込むとひょうひょうと音がするので、虫こぶを「ひょんの実」とか、穴の開いたものを「ひょんの笛」と呼ぶのである。大避神社の境内にも何本かのイスノキがあり、私が訪ねたときにもいくつかの「ひょんの実」を目にした。

筆者が笛に仕上げた「ひょんの実」

大避神社のイスノキにできた虫こぶ

河勝公は蘇我入鹿との政争を避けてうつぼ舟（小舟）で紀州から逃れ、この地に流れ着いたと伝えられている。俳句はそのときの小舟を「ひょんの実」に喩えている。河勝公は能楽の始祖ともされる人である。梅原氏はこの地を舞台にした新作能「河勝」を２００８年に創作しており、そこには聖徳太子の霊や秦河勝の怨霊、大避神社の神主が登場する。「この木の実の如きうつほ舟」という言葉で「ひょんの実」も出てくる。

大避神社で行われる「坂越の船祭」は2012年に国の重要無形民俗文化財に指定され、そこで使われる坂越船祭り祭礼用和船 6隻は兵庫県の有形民俗文化財である。毎年10月の第2日曜日に行われる船祭では神社から繰り出した神輿を中心にして艤装を施された十数隻の祭礼用和船が対岸にある生島《いきしま》に渡る。船上では獅子を舞い、雅楽を奏で、舟歌を歌う。この生島には秦河勝の墓所があり、神域とされて普段人が立ち入ることはできない。この島全体が国の「瀬戸内海国立公園特別保護区」に指定されるとともに、照葉樹林は国の天然記念物に指定されている。

所在地：兵庫県赤穂市坂越1297番地　大避神社境内
交通：JR西日本赤穂線「坂越」駅より徒歩約15分

坂越の船祭、生島に渡る祭礼用和船
（写真提供：大避神社）

「夏は来ぬ」の歌碑

・兵庫県明石市

「夏は来ぬ」は子供にとって難しい言葉もあるが、3番と5番の歌詞の二度にわたりホタルが出てくる爽やかな唱歌である。

三番　橘の薫る軒端《のきば》の
　　　窓近く　蛍飛びかい
　　　おこたり諌むる　夏は来ぬ
五番　五月《さつき》やみ　蛍飛びかい
　　　水鶏《くいな》鳴き　卯の花咲きて
　　　早苗植えわたす　夏は来ぬ

宮西公園にある「夏は来ぬ」の歌碑

「夏は来ぬ」の歌碑は在来線の西明石駅東口から広い通りに出てホテルの前を右折し、高架の線路をくぐった先の右手にある「宮西公園」に建っている。縦長の花崗岩が二つ並んでいて左側には「夏の歳時記園」と1番の歌詞が彫られ、右の石に掛けて斜めに刻まれた楽譜が見える。

作詞の佐佐木信綱は三重県鈴鹿郡石薬師村（現・鈴鹿市石薬師町）の生まれ、作曲の小山作之助は新潟県中頸城郡大潟町（現・上越市大潟区潟町）の生まれで、それぞれの出身地にも「夏は来ぬ」の歌碑がある。

明石市は童謡の歌碑がいくつもある街だ。「夏は来ぬ」からは遠い場所だが、一番町公園には同じような形をした「春の歳時記園　うれしいひなまつり」の歌碑がある。その近くの善楽寺にある「牧場の朝」は昆虫とは関係ないが、私のとても好きな歌碑である。

所在地：兵庫県明石市松の内1-11　宮西公園
交通：JR西日本「西明石」駅東口から徒歩約7分

一番町公園の「うれしいひなまつり」の歌碑

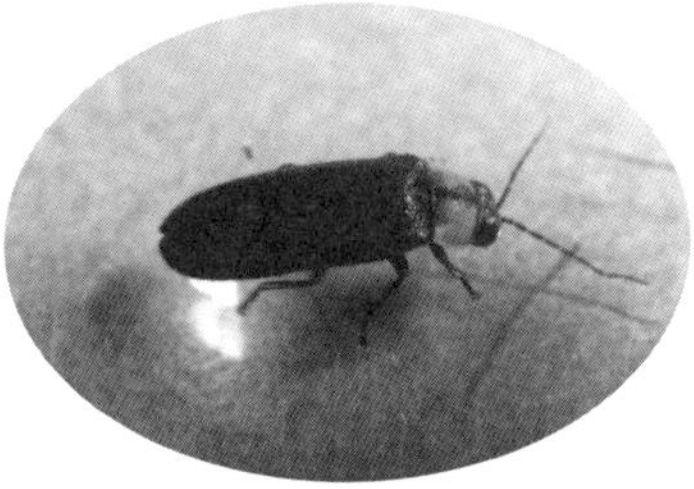
ゲンジボタル

「はちと神さま」の詩碑

・山口県下関市

金子みすゞは下関市で後半生を送り、たくさんの詩をつくった。「金子みすゞ詩《うた》の小径《こみち》」は10か所の詩碑や顕彰碑を1時間ほどで歩いて巡るコースである。

旧・秋田商会ビル（下関観光情報センター）の1階奥にある金子みすゞの展示コーナーをまず訪ねよう。そこから歩いて5分ほどの寿公園にあるのが金子みすゞ顕彰碑で、正面に顔写真が、左に「はちと神さま」の詩が、右に「金子みすゞと上山文英堂」という題の説明板が並ぶ。出発点の旧・秋田商会ビル前の「障子」の詩碑にはハエが、弁財天橋に二つある碑の一つ「ふしぎ」には蚕と繭が出てきて、みすゞが小さい生き物たちに向けた温かい目を感じる。

所在地：山口県下関市唐戸町、南部町、田中町など

交通：JR西日本山陽本線「下関」駅からバスで約7分「唐戸」で下車してすぐ

旧・秋田商会ビル
（下関観光情報センター）

寿公園にある金子みすゞ
顕彰碑

「田舎の四季」の歌碑

・愛媛県大洲市

冨士山から見下ろす大洲市の眺め（撮影：荻原洋晶氏）

冨士山《とみすやま》は大洲富士と呼ばれる標高320mの山で、山頂からは大洲盆地と肱川《ひじがわ》を見下ろすことができる。

頂上付近には6万3000本のツツジが植えられ西日本有数のツツジの名所として知られる。文部省唱歌「田舎の四季」（いなかの四季）の歌碑がこの冨士山の山頂近くに建っている。

「田舎の四季」は堀澤周安《ちかやす》作詞の軽快な4拍子の曲で、作曲者は不明とされている。

歌碑の正面には漢字で書かれた曲名「田舎の四季」と1番の歌詞が作詞者名とともに彫られている。ここで「はるご」とあるのは「はるこ」とも

「田舎の四季」の歌碑（撮影：荻原洋晶氏）

呼ばれる四月中旬孵化の「春蚕」のことで、飼育環境がよいため夏蚕や秋蚕より繭の量、質とも勝るとされる。曲名のほか歌詞も媒体によって漢字や平仮名の表示が異なることがあるが、ここでは歌碑に記された表示に従う。

道をはさんで　畠一面に
麦はほが出る　菜は花盛り
眠る蝶々　とび立つひばり
吹くや春風　たもとも軽く
あちらこちらに　桑つむをとめ
日まし〳〵に　はるごも太る

４番まである曲を聴くと、今では失われてしまった農家の懐かしい風景が目に浮かんでくる。

蔟（まぶし）の中の蚕の繭（撮影地：岡谷蚕糸博物館）

堀澤は愛知県犬山市の出身で、香川県や長野県などで教職に就いた人である。歌碑の左側にある昭和31年11月吉日建立の四角い石碑「田舎の四季と堀澤周安先生」には明治41年に大洲中学校教諭であった堀澤が文部省の募集に応じたこの曲が第一等を得たことや堀澤の生涯が刻まれている。

所在地：愛媛県大洲市柚木942　冨士山公園
交通：JR四国予讃線「伊予大洲」駅から車で約10分。徒歩1時間半程度

「田舎の四季」の歌碑

・愛媛県大洲市

「田舎の四季」の歌碑は大洲市の冨士山ばかりでなく、同市の十夜ヶ橋《とよがはし》にもある。

この歌碑は木製で、道路側の面には「文部省唱歌　田舎の四季　ゆかりの地」と大書されている。境内側には春夏秋冬を歌った4番までの歌詞とともに、その横にはこの曲が大洲盆地のこのあたりの風景を主材にしたものであることが記されている。

歌詞は日本の田舎の生活や取り巻く景色をよく表していて、懐かしさを感じさせる。

四国八十八か所の他に弘法大師（空海）が足跡を残した番外霊場のうち、四国別格二十霊場として定められた第八番札所が通称十夜ヶ橋と呼ばれている永徳寺の境外仏堂である。

所在地：愛媛県大洲市東大洲1808

交通：JR四国予讃線「伊予大洲」駅から宇和島バスで「十夜ヶ橋」下車すぐ

十夜ヶ橋にある歌碑
（撮影：荻原洋晶氏）

丸々とした「春蚕」
（撮影地：岡谷蚕糸博物館）

おわりに

私があちこちの童謡の歌碑に合わせて、いろいろな石碑の写真を撮りはじめたのは数年前のことである。虫塚もそのうちの一つになった。撮影箇所が少しずつ増えて行くなかで聞こえてきたのは「自分はできなかったが、全国にある虫塚をぜひ本にしてほしい」という何人もの方からの強い声であった。

しかし、供養碑に関するまとまった文献や情報は少なく、撮影はなかなか進まなかった。取材を難しくしたのは、情報の乏しさに加えて虫塚がしばしば交通の便がよくないところに位置していることもある。それでも広げたアンテナからの情報で取材箇所が少しずつ増えていった。

それらを年数をかけてまとめたのが本書である。これ以外にも収録できなかった多くの虫塚があることは間違いない。特に養蚕はかつて全国で行われていたので、蚕霊塔など蚕の碑が各地にあるのは確実だし、蜜蜂の供養碑も養蜂業者が建立したものを含めれば他にもある。また、今回収載できなかった芭蕉や一茶の句碑もある。

今回の取材でわかったのは、虫塚に関する情報が失われつつあることで、その土地の人ばかりでなく設置されているところの人ですら存在を知らない場合があった。また、存在がわかったとしても、建立の由来や彫られた文字の読み方などが不明である場合も珍しくなかった。歴史的な虫塚に限らず、建立から比較的日が浅くても関係した人の退職などに伴ってそうなるのである。一方で新しい虫塚が最近もつくられていて、訪ねるのは楽しくもあった。

飽食の時代には忘れられてしまいがちだが、虫の害におののきながら虫塚を建てその前で祈った先人たちの強い思いを忘れてはなるまい。これから虫塚のことを調べ、伝承していくには昆虫の研究者ばかりでなく、郷土史や文化財に詳しい人たちの力を借りることも望まれよう。今回の中にもそのような方々の力を借りて由来を知ることができたものがある。

この本には昆虫の供養碑や記念碑ばかりでなく、昆虫が登場する童謡、短歌、俳句なども加え、広い意味での「虫塚」を収録した。多くの人に興味を持ってもらえるとありがたい。

おわりに

最後にあちこち現地を訪れてくださった口木文孝、齊藤隆の両氏、何か所もの現地案内や情報提供をしてくださった梅谷献二、河合省三、高橋亮、千野義彦、宮﨑昌久、渡瀬学の各氏、石材の判定をお願いした丸山清明氏にお礼を申し上げる。

そのほか、本当に多くの方々や自治体、寺社、教育関係、公的機関、諸団体などからご協力をいただいた。あわせてお礼を申し述べたい。当初、私が考えていたよりもたくさんの虫塚を収録できたのも多くの方々のご協力があったからこそである。

なお、写真はなるべく自分で撮影することを心がけたが、部分的に各方面からのお力添えをいただいた。貴重な写真を提供してくださった方々、および寺社、団体などについては写真にお名前を記して謝意を表したい。

著者

「福井県における虫塚・虫送り・虫供養」㈳福井県植物防疫協会
「福井の植物防疫 設立30周年記念誌」㈳福井県植物防疫協会
「植防コメント 平成27年7月30日号〈虫塚と虫供養〉」川端智雄
（一社）日本植物防疫協会
「豊科町誌 別編（民俗Ⅱ）」 豊科町誌編纂委員会
「豊科町の土地に刻まれた歴史」 豊科町地方史同好会 豊科町教育委員会
「道祖神をたずねて－豊科・堀金－」 石田益雄 出版・安曇野
「開田村誌」 開田村編 開田村村誌編纂委員会
「開田村の石造文化財」 開田村教育委員会
「予が知れる名和昆蟲研究所」 金森吉次郎
「昆蟲世界 第21巻242号〈雑報〉」名和昆虫研究所
「害虫の誕生－虫から見た日本史」 瀬戸口明久 筑摩書房
「岐阜県養蜂史」 編集・発行 岐阜県養蜂組合連合会
「虫けら賛歌」 梅谷献二 創森社
「アグロ虫 第9号〈へボの横好き〉」 河合省三 アグロ虫の会
「長篠山 医王寺誌」医王寺護持会
「BIOSTORY Vol.24〈鈴虫の音をきく〉」秋道智彌（聞き手）
生き物文化誌学会 誠文堂新光社
「鳴く虫の博物誌」 松浦一郎 文一総合出版
「赤穂の昔話第一集・第二集」 赤穂民俗研究会編集 赤穂市教育委員会
「和気郡史 通史編 下巻Ⅱ・Ⅲ」和気郡史編纂委員会 和気郡史刊行会
「九州蝗逐風土記」 末永一 九州病害虫防除推進協議会
「久土小史（中間まとめ）」 久土自治区歴史愛好会編纂
「昆虫未来学『四億年の知恵』に学ぶ」 藤崎憲治 新潮社
「沖縄県ミバエ根絶記念誌」 沖縄県農林部

〈第２部〉

「童謡・唱歌・叙情歌 名曲歌碑50選」 鹿島岳水 文芸社
「童謡 唱歌の故郷を歩く」 井筒清次 河出書房新社
「東京童謡散歩」 藤田圭雄 東京新聞出版局
「加藤楸邨全集 第６巻・第８巻」加藤楸邨 講談社
「ちがさきと山田耕筰～生誕125年記念～」
「山田耕筰」と「赤とんぼ」を愛する会
「歌う国民」 渡辺裕 中央公論新社
「大塚薬報No.673〈うたいつがれる県歌 信濃の国〉」太田今朝秋
大塚ホールディング
「トンボの文化史 童謡の里たつのにおいて」
たつの市龍野文化資料館編集 龍野文化伝承会
「三木露風」 編集 財団法人 霞城館
「嗚呼玉杯と矢野勘治」 編集 財団法人 霞城館

◆主な参考・引用文献

〈第１部〉

「自然〈自然の文化誌 昆虫編6 虫塚と虫供養塔〉」 長谷川仁 中央公論社
「虫塚〈虫塚行脚 関東の巻 上／下〉」西原伊兵衛 日本博物温古会
「虫獣除けの原風景」岡本大二郎 ㈳日本植物防疫協会
「BIOSTORY Vol.23 生き物をほふる」生き物文化誌学会 誠文堂新光社
「虫の博物誌」 小西正泰 朝日新聞社
「鹿追町七十年史」 鹿追町史編纂委員会 鹿追町役場
「ふるさとの古碑－大張三区古碑調査報告書－」大張三区生涯学習推進モデル地区
「鳴く虫セレクション〈芭蕉が詠んだセミはニイニイゼミか？〉」市川顕彦
大阪市立自然史博物館・大阪自然史センター編著 東海大学出版会
「世界の食用昆虫」 三橋淳 古今書院
「昆虫食古今東西」 三橋淳 工業調査会
「昆虫食文化事典」 三橋淳 八坂書房
「山東京傳全集第5巻〈敵討孫太郎虫〉」 山東京傳全集編集委員会編
ぺりかん社
「白石市の文化財」 白石市文化財愛護友の会発行
「丸森の猫神さま」 丸森町文化財友の会
「インセクタリュウム Vol.23 No.2〈筑波に建立された新しい虫塚〉」
梅谷献二 東京動物園協会
「平成26年度 群馬の歴史文化遺産 近現代－養蚕文化－調査報告書」
群馬歴史文化遺産発掘・活用・発信実行委員会
「蚕とともにあゆむ 埼玉県蚕糸業史」 埼玉県蚕糸業史編纂委員会
「我孫子の史跡を訪ねる」 我孫子市教育委員会
「ペストロジー第24巻第1号〈千葉県長生村の「虫供養碑」〉」谷川力
日本ペストロジー学会
「ファーブル昆虫記の旅」奥本大三郎／今森光彦 新潮社
「名刹広徳寺お犬騒動記増補版」樋浦知子 喜怒哀楽書房
「小笠原100の素顔Ⅱドンガラ〈小笠原の虫塚〉〈もうひとつのミバエ
根絶事業〉」河合省三 東京農業大学出版会
「虫の民俗誌」 梅谷献二 築地書館
「横浜植物防疫ニュース」 第400号 横浜植物防疫所
「虫の虫」 養老孟司 廣済堂出版
「月刊むし534号〈養老孟司さんが鎌倉に虫塚を建立〉」伊藤弥寿彦 むし社
「農業と科学〈旧加賀藩政時代の虫塚から学ぶこと 前編・後編・続編その1・
続編その2・続編その3〉」 森川千春 ジェイカムアグリ
「植防いしかわ 平成21（2009）年7月7日発行〈害虫歴史探訪
田中三郎衛門と「埴田の虫塚」〉」森川千春 ㈳石川県植物防疫協会
「植防いしかわ 平成27（2015）年6月30日発行〈第26回虫供養〉」
（公社）石川県植物防疫協会

ゾウムシの石の塚と筆者
(神奈川県鎌倉市・建長寺)

●

日本音楽著作権協会
(出) 許諾第 1611249-601 号

デザイン———寺田有恒
ビレッジ・ハウス
校正———吉田 仁

著者プロフィール

●柏田雄三（かしわだ ゆうぞう）

虫塚研究家、昆虫芸術研究家。

1945年生まれ、鹿児島県出身。東京大学農学部農業生物学科卒業。武田薬品工業㈱アグロカンパニーで、農薬に関する業務を通じて昆虫に関する知識を深める。2003～2007年、住化タケダ園芸㈱（現、住友化学園芸㈱）代表取締役社長、2009～2015年、アース製薬㈱顧問を歴任。

全国各地の虫塚を研究するかたわら、虫に関する音楽の媒体を収集し、鑑賞、考察。月刊誌などへの著述活動、講演活動を繰り広げている。著書に『文化昆虫学事始め』（共同執筆、創森社）など。

虫塚紀行《むしづかきこう》

2016年10月17日　第1刷発行

著　　者――柏田雄三《かしわだゆうぞう》

発 行 者――相場博也

発 行 所――株式会社 創森社

〒162-0805 東京都新宿区矢来町96-4

TEL 03-5228-2270　FAX 03-5228-2410

http://www.soshinsha-pub.com

振替00160-7-770406

組　　版――有限会社 天龍社

印刷製本――精文堂印刷株式会社

落丁・乱丁本はおとりかえします。定価は表紙カバーに表示してあります。

Printed in Japan ISBN978-4-88340-310-3 C0039

〝食・農・環境・社会一般〟の本

創森社　〒162-0805 東京都新宿区矢来町96-4
TEL 03-5228-2270　FAX 03-5228-2410

http://www.soshinsha-pub.com

＊表示の本体価格に消費税が加わります

- **農は輝ける** 星 寛治・山下惣一 著　四六判208頁1400円
- **農産加工食品の繁盛指南** 鳥巣研二 著　A5判240頁2000円
- **自然農の米づくり** 川口由一 監修 大植久美・吉村優男 著　A5判220頁1905円
- **TPP いのちの瀬戸際** 日本農業新聞取材班 著　A5判208頁1300円
- **大磯学―自然、歴史、文化との共生モデル** 伊藤嘉一・小中陽太郎 他編　四六判144頁1200円
- **種から種へつなぐ** 西川芳昭 編　A5判256頁1800円
- **農産物直売所は生き残れるか** 二木季男 著　四六判272頁1600円
- **地域からの農業再興** 蔦谷栄一 著　四六判344頁1600円
- **自然農にいのち宿りて** 川口由一 著　A5判508頁3500円
- **快適エコ住まいの炭のある家** 谷田貝光克 監修 炭焼三太郎 編著　A5判100頁1500円
- **植物と人間の絆** チャールズ・A・ルイス 著 吉長成恭 監訳　A5判220頁1800円
- **農本主義へのいざない** 宇根 豊 著　四六判328頁1800円
- **文化昆虫学事始め** 三橋 淳・小西正泰 編　四六判276頁1800円
- **地域からの六次産業化** 室屋有宏 著　A5判236頁2200円
- **小農救国論** 山下惣一 著　四六判224頁1500円
- **タケ・ササ総図典** 内村悦三 著　A5判272頁2800円
- **昭和で失われたもの** 伊藤嘉一 著　四六判176頁1400円
- **育てて楽しむ ウメ 栽培・利用加工** 大坪孝之 著　A5判112頁1300円
- **育てて楽しむ 種採り事始め** 福田 俊 著　A5判112頁1300円
- **育てて楽しむ ブドウ 栽培・利用加工** 小林和司 著　A5判104頁1300円
- **パーマカルチャー事始め** 臼井健二・臼井朋子 著　A5判152頁1600円
- **よく効く手づくり野草茶** 境野米子 著　A5判136頁1300円
- **図解 よくわかる ブルーベリー栽培** 玉田孝人・福田 俊 著　A5判168頁1800円
- **野菜品種はこうして選ぼう** 鈴木光一 著　A5判180頁1800円
- **現代農業考～「農」受容と社会の輪郭～** 工藤昭彦 著　A5判176頁2000円
- **畑が教えてくれたこと** 小宮山洋夫 著　四六判180頁1600円
- **農的社会をひらく** 蔦谷栄一 著　A5判256頁1800円
- **超かんたん 梅酒・梅干し・梅料理** 山口由美 著　A5判96頁1200円
- **育てて楽しむ サンショウ 栽培・利用加工** 真野隆司 編　A5判96頁1400円
- **育てて楽しむ オリーブ 栽培・利用加工** 柴田英明 編　A5判112頁1400円
- **ソーシャルファーム** NPO法人あうるず 編　A5判228頁2200円
- **虫塚紀行** 柏田雄三 著　四六判248頁1800円